KB194509

나를 품은 하늘과 땅

The Sky
and
Earth
Touched
Me

조셉 바라트 코넬 지음 / 장상욱, 김요한 옮김
한국 셰어링네이처 협회 감수

The sky and Earth Touched Me
By Joseph Cornell
ⓒ2014 Joseph Bharat Cornell

This translation published by arrangement with Columbine
Communications & Publications, Walnut Creek, California USA,
www.columbinecommunications.com
Published in Korea by Sharing Nature of Korea, Gyeonggido

추천의 글

"조셉 코넬이 많은 아이들과 함께 자연과 교감하기 위해 활용했던 유쾌하고 사려 깊은 정신을 제시한다. 이 책은 우리를 위한 선물이다!"
- 빌 맥키븐 Bill McKibben (350.org 설립자, 자연보호 운동가)

"『나를 품은 하늘과 땅』은 자연과 조화를 이루고자 하는 사람을 위한 가장 훌륭한 지침서다. 이 책에 소개된 〈감각의 확장〉, 〈평화로운 산책〉 같은 아름다운 자연 활동은 마음을 가라앉히고 우리가 자연과 하나임을 느끼게 한다."
- 마사히토 요시다 Masahito Yoshida
(쓰쿠바 대학교 세계유산학과 교수, 일본 자연보호 협회 이사, 일본 자연보호 국제기구 회장)

"『나를 품은 하늘과 땅』은 우리 내면 깊이 자연의 신비를 느낄 수 있는 기회를 준다. 조셉 코넬의 다양한 자연 활동은 남녀노소 모든 참가자에게 자연을 새롭게 발견하는 벅찬 기쁨을 선사한다. 자연과 하나 되어 나무나 야생 동물에게 느꼈던 다름의 경계가 서서히 무너지는 것을 상상해보라. 이 책에 숨겨진 무한한 영감을 찾아보라. 그리고 자연 활동을 하면서 변화된 당신을 느껴보라!"
- 캐서린 간 Kathryn Gann (미국 신지학 협회 본부장)

"『나를 품은 하늘과 땅』은 경이로운 책이다. 나는 처음부터 끝까지 읽은 후 글 속에 숨겨진 따뜻함에 깊이 빠져들었다. 이 책은 명료함과 단순함을 통해 자연의 심오함을 전하며 깊은 감동을 준다. 조셉 코넬의 책은 산림 대학교 University of the Living Tree의 자연 활동을 위한 바이블이 될 것이다. 또한 자연 교육 워크숍의 필독서로서 참가자들에게 새로운 영감을 불러일으킬 것이다."
- 로데릭 놀스 Roderic Knowles
(Living tree Education Foundation 창립자, 『살아 숨 쉬는 나무의 가스펠 Gospel of the Living Tree』의 저자)

"만약 내게 자연에서 보낼 수 있는 시간이 주어진다면 『나를 품은 하늘과 땅』의 활동들이 자연과 보내는 시간을 풍요롭게 할 것이라 확신한다. 나는 자연과 교감하면서 자연의 힘과 아름다움을 통해 새로워졌다. 아버지가 돌아가시기 전 마지막 몇 주 동안 강가에서 명상을 하며 슬픔을 이겨냈다. 명상을 통해 아버지와 함께한 소중하고 보람 있는 시간을 추억했고, 마음의 평화를 찾을 수 있었다."

- 수잔 샌포드 Susan Sanford (자연 운동가)

"『나를 품은 하늘과 땅』은 어린아이처럼 무한한 호기심과 관찰력으로 자연을 보고자 하는 어른을 위한 책이다. 저자가 야생에서 겪은 생생한 이야기를 바탕으로 누구나 할 수 있는 실용적인 자연 활동들이 알기 쉽게 설명되어 있다. 특히 과학적 근거와 깊은 통찰의 조언, 사람과 자연을 연결하는 수많은 방법을 통해 개인의 정서를 안정시키고 자연을 존중하는 방법도 소개한다. 만약 여러분이 자연과 풍부한 교감을 나누고자 한다면 마음을 가라앉히고 이 책에 소개된 다양한 자연 활동을 체험해보라. 이러한 활동들을 통해 자신과 자연을 재연결하고 환경 보호자와 시인이 되기 위한 기초 기술을 연마해보라. 자연 통찰은 자연 회복을 위한 '급행 열차'로써 일상을 벗어나 야생의 은둔처에서 시간을 갖고자 하는 사람들과 깊은 유대를 끌어낸다."

- 재닛 캐리어 애디 Janet Carrier Ady
(Division of Education Outreach, National Conservation Training Center, U.S. Fish and Wildlife Service 수석 프로그램 및 정책 고문)

"『나를 품은 하늘과 땅』은 환경 사회의 지속 가능성이 점점 약해지는 이 시기에 인간과 인간, 인간과 자연의 관계를 재정립하도록 돕는 최고의 도구다. 인간과 자연의 관계를 숭고하게 하는 조셉 코넬의 다양한 자연 활동은 치유와 희망, 회복의 가치를 선사하며 새로운 인식과 삶의 목적을 찾도록 이끌 것이다."

- 제임스 크로풋 James Crowfoot
(미시간 대학교 도시계획학과 명예교수 및 명예학과장, 안티오크 대학교 총장)

"몇 년 동안 조셉 코넬의 '플로러닝 Flow Learning'™ 기술을 나의 교육 방식에 적용해왔다. '플로러닝'은 학생들에게 아주 깊고 강한 인상을 남겼으며 자연의 감동을 전달했다. 조셉 코넬이 최근 발간한 『나를 품은 하늘과 땅』은 '자연 인식 Nature Awareness'에 대한 새로운 길을 제시한다. 그는 자연과의 교감이 사람의 마음과 육체 그리고 영혼 치유에 얼마나 중요한지를 몸소 보여준다. 이 책에 소개된 활동들은 우리 영혼에 생명과 자연에 대한 무한한 사랑을 불어넣어 새로운 활력을 만든다."
- 데이비드 브랜세트 David Branchette (하와이 푸나호우 학교 레크리에이션 강사)

"나는 교사, 자연보호자, 이야기꾼인 조셉 코넬의 셰어링네이처 관련 저서들을 주제로 많은 활동을 해왔다. 코넬은 『나를 품은 하늘과 땅』을 통해 자연과 더 깊은 단계에서 교감하는 방법을 가르쳐준다. 나는 이 책에 소개된 기술과 다양한 활동을 친구들과 함께 나눌 것이다. 친구들과 자연 활동을 할 때 연못의 수면 위로 잔잔한 물결이 퍼져나가듯 우리에게 행복과 사랑 그리고 평화가 널리 퍼져나가길 바란다. 이 책은 지구라는 행성에서 서로 조화를 이루며 살아가고자 하는 모든 이에게 훌륭한 길잡이가 될 것이다."
- 프랭크 헬링 Frank Helling (미국 국립공원 자연보호가, 작가, 자연 교육가)

"조셉 코넬은 우리를 단순한 영감만으로 자연과 교감하게 하지 않는다. 그의 자연 체험 활동은 우리가 직접 자연을 경험하고 자연과 우리가 어우러지게 한다. 추상적 교감이 아닌 직접적인 자연과의 교감은 우리를 자연과 한층 더 깊고 진정성 있는 교감을 나눌 수 있게 한다. 조셉 코넬은 존 뮤어처럼 꽃과 나무들, 야생의 모든 생명체와 하나 되는 방법을 가르쳐준다. 철저한 과학적 근거를 바탕으로 그가 제시한 몇 가지 자연 활동은 우리의 영혼을 맑게 한다. 현대 과학 기술과 영혼 없는 엔터테인먼트 산업의 성장, 정치적 갈등으로 혼란스러운 시대를 살아가는 우리에게 조셉 코넬은 타인과 행복을 공유하는 진실한 방법을 알려준다."
- 헤롤드 우드 Herold Wood
  (시에라 클럽 존 뮤어 학습 팀의 교육자, 시에라 클럽 존 뮤어 전시회의 웹 관리자)

"조셉 코넬은 『나를 품은 하늘과 땅』에 담긴 이야기와 훌륭한 활동을 통해 무감각한 우리의 의식에 새로운 불꽃을 일으켰다. 이 책에 가득 찬 아름다움은 우리를 주위의 모든 생명과 연결함으로써 우리에게 한층 더 높은 의식을 선물할 것이다."
- 샌디 프리야 맥디비트 Sandy Priya McDivitt (오리건 주 아난다 대학교 총장)

"마침내 어른들을 위한 셰어링네이처 책이 나왔다! 『나를 품은 하늘과 땅』의 감동적인 이야기와 활동들은 우리를 자연과 더 깊은 관계를 맺도록 인도한다. 조셉 코넬이 고안한 자연 활동은 우리 내면에서 잠자고 있는 생명력을 다시금 일깨운다. 세상의 가장 밝은 빛과 사랑으로 가득 찬 이 책은 독자들의 정신을 고양하고 인식을 새로운 차원으로 확실히 변화시킬 것이다. 나는 이 책이 세상에 미칠 긍정적 힘에 깊은 사랑과 감사를 표한다."

- 수잔 로피에켓 Suzanne Ropiequet (Sacred Life Centre, wellness teacher and healer)

"『나를 품은 하늘과 땅』은 당신이 전에 경험하지 못했던 자연과의 깊은 관계로 안내한다. 조셉 코넬은 자연에 대한 지식과 경험을 독자들과 함께 나누며 어떻게 자연과 교감할 수 있는지를 보여준다. 이것은 한번 읽어서 끝낼 책이 아니다. 당신이 자연으로 향할 때마다 갖춰야 할 안내서다. 자연에서 무엇을 하든 이 책이 꼭 당신과 함께하도록 노력하라. 조셉 코넬이 당신을 위해 준비한 자연 활동을 통해 자연과 교감을 나눠보자. 내가 느낀 기쁨과 평화를 당신도 느낄 수 있길 바란다."

- 칼 스니에디 Karl Sniady(The Coaches Training Institute 대표)

"나는 우리 모두가 한 번쯤은 자연에서 마법 같은 경험을 해본 적이 있을 거라고 믿는다. 자연의 아름다움에 흠뻑 빠져 있을 때 우리는 그 순간에 몰입한다. 하지만 그 순간 쏟아져 나오는 삶의 걱정과 잡념들이 자연과의 교감을 방해하곤 한다. 우리 몸은 자연에 머물고 있지만 마음은 다른 곳에 있기 때문이다. 『나를 품은 하늘과 땅』에 소개된 간단한 자연 활동은 우리를 괴롭히는 걱정과 잡념을 던져버리고 우리를 자연 속에 존재하는 순간에 집중하도록 도와준다. 자연에 완벽하게 몰입하는 순간 우리 영혼의 지평이 한층 더 넓어져 비로소 '자연과의 교감' 이라는 마법을 경험하게 된다."

- 조셉 셀비 Joseph Selbie(『The Yugas』와 『Protectors Diaries』 시리즈의 저자)

"이 책은 빛나는 보석과 같다. 나는 의사로서 40여 년간 환자들을 보살펴왔다. '건강한 삶' 을 원하며 의사를 찾는 많은 환자가 『나를 품은 하늘과 땅』을 읽는다면 '건강한 삶' 에 한층 더 가까워질 거라고 자신 있게 말할 수 있다. 이 책은 우리 주변에 존재하는 모든 것을 향해 마음을 여는 방법을 제시하며 자연 체험은 우리 역시 자연의 일부로서 서로를 위해 존재한다는 사실을 깨닫게 한다. 이를 통해 우리 의식의 경계가 한층 더 넓어져 모두가 바라는 '건강한 삶' 을 향해 나아가게 된다."
- 샨티 루벤스톤 Shanti Rubenstone (의사, 1983년 스탠퍼드 의과대학 졸업)

"나는 국립공원의 삼림 경비관과 환경 교육가로서 조셉 코넬의 셰어링네이처 활동과 교육 이념을 유치원생부터 고등학생에 이르기까지 나의 교육에 적용해 왔다. 또한 셰어링네이처의 활동들이 성인을 위한 교육에도 활용될 수 있음을 알게 되었다. 『나를 품은 하늘과 땅』은 아이들이 경험한 자연과의 즐거운 교감을 당신도 느낄 수 있도록 초대한다. 각 장을 채운 세밀한 자연 활동 방법과 아름다운 사진, 영혼을 울리는 명언은 자연의 아름다움과 고요함을 느끼게 하고 사랑의 감정을 불러일으킨다. 이 책은 당신이 자연 활동의 입문자든 숙련자든 상관없이 자연으로 향할 때 꼭 함께해야 할 가장 든든한 친구다. 이 책과 함께 새로운 차원에서 자연을 인식하고 교감한다면 당신의 영혼과 정신이 더욱 성장할 것이다."
- 로이 심슨 Roy Simson (교육 전문가, 미국 내무부 토지 관리국)

"나는 이 책에 소개된 자연 활동을 진행하면서 자기 성찰을 통해 마음 깊이 평화를 느끼고 자연과 하나 됨을 경험했다. 이 놀라운 경험으로 이 책의 즉각적인 변화의 힘이 조직과 개인 성장에 큰 영향을 미칠 것이라고 믿었다. 앞으로도 조셉 코넬이 소개한 자연 활동을 회사 동료, 친구, 가족들과 함께할 것이다."
- 아담 크로안 Adam Croan (사회 벤처 기업가, 레크리에이션 산업 전문가)

"조셉 코넬은 우리에게 '삶의 기쁨'을 만끽하는 간단한 기술을 소개한다. 그의 자연 활동을 친구들, 가족과 함께 즐겨보라. 그리고 마음속에서 일어나는 걱정과 생각의 벽을 허물고 자연이 베푸는 고요함과 평화로움으로 온 생명이 조화된 모습을 관찰해보라. 나는 '삶의 기쁨'을 처음 혹은 다시 느끼고 싶어 하는 환자와 가족들, 친구들에게 이 책을 추천한다. 진정한 치유는 자연을 향한 감사와 존경 그리고 깊은 교감에서 시작된다. 이 책에 소개된 활동 가운데 한두 가지라도 스스로 해보길 강력히 권한다!"
- 크리스티 파슬러 Kristy Fassler (자연 치유 전문가)

"『나를 품은 하늘과 땅』은 우리가 사는 이 땅을 치유할 가장 훌륭한 교과서다. 코넬이 자신의 경험을 나눈 것처럼 우리도 자연이 주는 기쁨을 다른 이들과 나눌 수 있다. 간디를 포함한 많은 성인들 처럼 우리도 자신을 변화시킴으로써 세상을 변화시킬 수 있다. 자연으로 떠난 이들이 나눈 자연과의 깊은 교감이 우리 삶을 변화시킬 것이다. 태양이 발산하는 생명의 빛과 모든 생명이 쏟아내는 기쁨의 춤은 자연으로부터 치유받고자 하는 모든 이에게 향해 있다."

- 자크 애비 Zach Abbey (Natural Farmer 유기농 농부)

"조셉 코넬은 자연 속에서 경험한 기쁨과 신성한 원천에 관한 이야기를 이 책에 담았다. 『나를 품은 하늘과 땅』은 당신을 그 원천으로 안내할 것이다."

- 폴 그린 Paul Green (포와탄 학교 교사)

■■ 조셉 코넬의
■□ 자연 인식 Nature Awareness 저서들에 대한 리뷰

"조셉 코넬은 우리가 사는 지구의 중심과 연결되어 있다. 이 땅의 지혜가 그를 통해 빛난다." - 뉴 텍사스 매거진

"조셉 코넬의 글에는 자연의 생명력을 향한 무한한 경외와 존경이 스며 있다. 그는 우리에게 개인의 의식을 세상으로 확장하면서 기쁨을 한껏 누리는 방법을 가르쳐준다." - 하나의 지구, 파인드혼 재단 매거진

"조셉 코넬은 밖으로는 드넓은 자연 세계, 안으로는 고요한 자아로까지 우리의 감각을 확장해 깊은 교감을 나누게 하는 놀라운 능력을 지녔다."

- 더글러스 우드 Douglas Wood 『지구를 위한 할아버지의 기도』 저자

"이 책은 내가 읽은 자연 의식 활동과 관련된 책 중 단연 최고다."

-홀 어스 리뷰 Whole Earth Review

"조셉 코넬은 세계적인 자연 교육 활동의 권위자들 가운데 한 사람이다."

- 백패커 매거진

목 차

제 1 장

혼자서 자연으로부터 영감을 얻는 엑서사이즈

제 2 장

친구와 체험을 나누기 위한 엑서사이즈

제 3 장

생명과의 교류

실전편

엑서사이즈를 해보자

들어가는 글

『Sharing Nature with Children』은 조셉 바라트 코넬 Joseph Bharat Cornell이 1979년에 쓴 책이다. 자연환경 교육과 산림 · 생태 체험 교육에 관심 있는 세계의 많은 부모와 교사가 충족할 만한 놀라움으로 가득한 이 책에는 자연에서 쉽고 재미있게 적용할 수 있는 조셉 코넬의 철학과 교육 방법이 담겨 있다.

국내에도 2002년 『아이들과 함께 나누는 자연 체험』으로 출판되어 그해 최고 점수를 받은 환경부 선정 우수 도서로 뽑혔다. 자연놀이 Nature Game으로 많이 불리우는 셰어링네이처 자연교육 프로그램인 〈나무 소리 듣기〉, 〈박쥐와 나방〉, 〈내 나무예요〉, 〈나무 흉내 내기〉, 〈맨발로 걷기〉, 〈애벌레 산책〉 등은 새로운 발상과 감성으로 지도자와 부모들의 찬사가 대단하다. 현재도 전국 유치원, 어린이집, 초등학교를 비롯한 여러 단체에서 자연교육 프로그램으로 많이 활용되고 있다. 또한 환경과 산림 자연 교육 활동 분야뿐만 아니라 자연(숲) 치유, 복지 분야에서도 폭넓게 활용되고 있다.

『나를 품은 하늘과 땅 The Sky and Earth Touched Me』은 성인을 위한 책으로 정신적 · 육체적 활동을 통해 '회복'을 이뤄낼 수 있는 '엑서사이즈 Exercise'들을 소개하고 있다.

이 책에서는 자연 놀이나 활동 대신 엑서사이즈로 표기했다. 엑서사이즈의 사전적 정의는 'Substance(본질, 핵심, 요지, 실체 등의 뜻)를 가진 행위' 다. 엑서사이즈에는 우리가 이미 알고 있는 연습 Practice 이나 운동 Activity의 의미뿐만 아니라 '특정한 목적을 달성하기 위한 활동 For Particular Result' 의 의미가 강하게 내포되어 있다. 성인의 신체적•정신적 건강을 위해 연습과 운동이 필요한 포괄적인 활동이라는 의미를 담아 원서 그대로 표기했다.

우리 주위에는 원인을 알 수 없는 병으로 고생하는 사람이 적지 않다. 자연에서 멀어진 환경에서 생기는 사회생활 스트레스와 자연환경의 악화로 인한 질병이다. 다시 말하면 '자연 결핍 장애' 로 몸과 마음의 병을 앓고 있는 것이다. 이러한 질병에서 벗어나기 위해 자연으로 나가 셰어링네이처 엑서사이즈를 체험해보길 권한다. 나 역시 자연 생활을 통해 치유 효과를 경험한 적이 있다.

이 책은 일상생활을 하면서 주변의 자연에서 혼자 할 수 있는 엑서사이즈를 중심으로 소개하고 있다. 자연에서 천천히 엑서사이즈를 즐기며 지금, 여기, 이 순간의 자신과 만나 자신

의 몸과 마음 상태를 인식해보자. 행복과 평화로움 속에서 '자연과의 일체감'을 느끼게 될 것이다.

지난 2016년 '자연나눔(Sharing Nature)연구소'라는 이름을 '셰어링네이처 코리아(Korea Sharing Nature Association)'로 변경했다. 그 이유는 셰어링네이처 활동의 목적이 단지 자연에서 놀이를 하기 위한 것이 아니라 자연을 존중하고 자연과 더불어 공생하는 것이기 때문이다. 또한 셰어링네이처 철학인 자연 인식 Nature Awareness은 자연 체험 현장의 활동뿐만 아니라 일상생활 속에서도 삶의 활력을 얻게 함으로 이러한 정체성을 위해 셰어링네이처로 이름을 바꾸었다.

흔쾌히 번역 작업을 함께해준 김요한 군, 아내 희현과 딸 유진, 어머니, 장모님 외 많은 분의 도움으로 이 책을 출간했다. 모두에게 감사 인사를 드린다.

셰어링네이처 코리아 **대표 장상욱**

머리말

　조셉 코넬과 맺은 30년간의 인연은 내 일생에서 가장 특별하고 운 좋은 만남이었다. 그가 신념과 열정을 가지고 평생 일궈온 자연 체험 활동은 세계인의 삶에 평화와 아름다움을 선사했다.

　우리가 처음 만난 1980년 초, 전 세계 사람들의 공감을 얻은 그의 역작 『아이들과 함께 나누는 자연 체험』(원제: Sharing Nature with Children)이 출간되었다. 오늘날 그의 저서는 28개 언어로 번역되어 50만 부 이상 판매되었으며, 전 세계인의 자연 활동을 위한 필독서로 자리 잡았다. 조셉 코넬은 끊임없는 연구와 비전 제시로 자신이 고안한 자연 놀이 및 관련 활동을 전 세계로 확대하였고 바쁜 현대인들이 자연과 교감하도록 큰 영향을 끼치고 있다. 그는 따뜻한 미소와 열린 마음으로 셰어링네이처 워크숍 참가자들을 직접 자연 세계로 이끈다. 나는 그의 지도력과 자연 안내인으로서의 깊은 연륜에 감동하는 수많은 사람 가운데 하나다.

　그는 1979년에 셰어링네이처 월드와이드를 설립하고 세계 30여 개국에서 다양한 워크숍과 자연 활동 강연을 해왔다. 현재 셰어링네이처 재단은 한국, 일본, 대만, 중국, 인도네시아,

태국, 유럽 그리고 북아메리카와 남아메리카 대륙 등 세계 곳곳의 지부를 통해 자연 체험 활동을 전수하고 있으며 일본에서는 현재까지 3만 5천 명이 넘는 성인이 지도자 양성 강좌에 참여하는 쾌거를 이뤄냈다.

조셉 코넬은 저작 활동뿐만 아니라 왕성한 자연 체험 교육을 통해 셰어링네이처의 가치를 수많은 사람에게 전하고 있다. 『나를 품은 하늘과 땅』은 그가 모든 연령대의 참가자들과 함께한 자연 체험을 담아 우리에게 주는 선물이다. 이 책의 머리말을 장식할 기회를 얻게 되어 영광이며 코넬에게 감사 인사를 전하고 싶다. 이 책을 통해 즐거움과 행복을 되찾길 바란다. 사랑하는 사람과 이 활동을 함께한다면 자연과 하나 되는 기쁨과 감사함을 경험할 수 있을 것이다. 당신이 우리의 후손들을 위해 건강하고 평화로운 미래를 만드는 데 공헌하는 사람으로 거듭나길 희망한다.

2013년 11월
학술 박사 **체릴 찰스 Cheryl Charles**

학술 박사 체릴 찰스 Cheryl Charles
뉴멕시코 주, 산타페
아이들과 자연 네트워크 Children & Nature Network
공동 창업자, 명예회장

서문/타마락 송의 시

나무와 걸으니 내가 더 자란다.
달팽이와 기어가니 내가 더 작아진다.
새들과 높이 솟구치니 내 몸이 더 가벼워진다.
편견을 버리고
스승인 숲과 연못에 귀 기울이니
나는 더 현명해진다.
침묵의 숲에 머물다가 마을로 돌아갈 때마다
나는 말하는 것조차 잊는다.
움켜쥔 열망을 느끼는 동안
숲의 떨림과 시선으로
나는 나무의 꿈을 꾸고 숨결을 느낀다.
태양과 함께 눈을 뜨고,
거북이와 헤엄치며,
사슴을 쓰다듬던 이야기를 쓰러 한다.
자연과 땅이 나의 영혼을 품을 때
비로소 나는 그들의 이야기를 들을 수 있었다.

우리는 아름답고 신비한 자연을 느끼고 영감, 위안 등을 얻기 위해 자연을 찾는다. 우리는 자연에서 태어나 자연으로 돌아간다. 그렇다면 우리는 자연에 대해 얼마나 알고 있을까?

우리 가운데 많은 사람은 자연을 학문으로 공부하고 시험에서 높은 점수를 받는 고지식한 자연주의자다. 자연을 마음으로 이해하는 사람은 드물다. 우리가 삶의 본질을 잊은 것은 아닐까?

이 책은 더 늦기 전에 자연으로 돌아가고자 하는 사람들, 산과 강이 뿜어내는 생명의 역동성을 느끼며 자연과 더불어 살아가고자 하는 사람들을 위해 쓰였다. 조셉 코넬은 독자를 자연의 깊은 곳으로 안내해 셰어링네이처 활동의 참여자, 주체자로서 자연을 직접 체험하게 한다.

이 책은 동물의 행동이나 자연에 대해 이야기하지 않는다. 조셉은 우리와 자연을 가로막는 것이 무엇인지 깨닫게 하고, 그것을 극복했을 때 우리와 자연이 서로를 어떻게 품는지 들려준다.

나무 사이를 무의미하게 걷기보다는 스스로 나무가 되어보자. 이제 숲속에서 불현듯 동물을 마주쳐도 그저 놀라거나 호기심을 억누르며 멀찌감치 서서 바라보기만 할 필요가 없다. 동물을 바라보는 동안 그들이 경계를 풀고 우리 주위를 맴도는 모습을 보게 될 것이다. 이 책에 소개된 엑서사이즈를 하는 동안 우리와 자연 사이에 샘솟는 깊은 유대감은 서서히 어색한 관계의 벽을 허물어버릴 것이다.

만약 당신이 직접 자연 체험을 해본 적이 없다면 이 책의 첫 번째 장에 나온 〈산림욕〉 엑서사이즈부터 〈자연과 나〉, 〈감각의 확장〉 등의 순서로 모든 활동을 경험해보길 추천한다. 엑서사이즈를 하면서 당신은 자연을 새롭고 경이롭게 바라보게 될 것이며 이전에 경험하지 못한 놀라운 자연을 체험하게 될 것이다.

조셉은 이 책의 제2장을 소개하며 "야생의 자연과 그 아름다움에 감동했을 때 우리는 그것을 다른 누군가와 함께 나누고 싶어 한다."고 말한다. 내가 가장 좋아하는 활동인 〈카메라 게임〉은 두 사람이 한 모둠이 되어 한 사람은 사진작가, 다른 한 사람은 카메라 역할을 맡아 진행한다. 카메라 역할을 맡은 사람은 자연과 하나가 되어 자신의 눈앞에 펼쳐진 아름다운 자연을 '마음의 사진' 으로 촬영한다.

이 책의 제3장은 마음의 고요가 어떻게 우리 모두와 관계를 맺고 이상을 현실화하는지, 자연과 하나 된 삶을 어떻게 유지하는지를 가르쳐준다. 조셉은 "세상은 변화할 필요가 없었다. 변화해야 할 것은 바로 나 자신이다."라고 결론을 내린다. "우리가 세상 만물과 더불어 현명함과 고귀함 그리고 아름다움의 가치를 나누는 만물의 일부임을 깨닫는 것이 중요하다."고 말한다.

타마락 송 Tamarak Song

타마락 송 Tamarak Song은 유년기 때부터 조숙한 학생이었다. 그는 「Entering the Mind of the Tracker, Song of the Trusting the Hear」의 저자이며 자연 체험만을 위한 자연 몰입 교육 시설인 야외 드럼 학교 Teaching Drum Outdoor School를 설립했다.

이 책의 활용법

우리는 파도가 밀려오는 해안가나 나무가 우거진 숲속을 산책하며 영혼의 안식과 활기를 되찾는다. 최근 몇 가지 과학 연구에서 사람은 자연에서 보내는 시간이 많을수록 심리적 안정감이 커진다는 것을 밝혀냈다. 특히 바깥 자연뿐만 아니라 실내 자연환경도 우리에게 큰 영향을 끼치는데, 사무실이나 교실에 식물을 놓아 녹색 공간을 갖는 것만으로도 인지력, 창의성, 안락감, 친밀감 등이 상승한다는 사실이 증명되었다.

자연과의 일체감은 우리의 마음과 육체를 치유하고 인간의 근본적인 욕구를 만족시킨다.

강과 들판, 이끼와 꽃 사이로 날아다니는 수많은 나비가 뿜어내는 생명력은 건강한 삶에서 빼놓을 수 없는 중요한 존재다. 이 책에 수록된 엑서사이즈는 활기찬 생명력을 끌어내 자연이 선사하는 기쁨과 평화를 느끼고 우리의 몸과 마음을 치유

할 것이다.

　가능하다면 『나를 품은 하늘과 땅』을 정원이나 공원 등 아름
다운 자연에서 읽길 바란다. 가까에서 자연의 숨결이 느껴지
는 곳이라면 엑서사이즈를 바로 해볼 수도 있다.

　당신은 제1장의 혼자서 자연으로부터 영감을 얻는 엑서사이
즈를 체험함으로써 귀중한 '자연 인식 Nature Awareness'의
원칙을 경험할 것이다. 제2장은 당신이 경험한 자연의 생명력
을 친구들과 나누는 데 필요한 엑서사이즈로 구성되었다.

　한국어판의 마지막 장인 제3장에는 실전 엑서사이즈를 수록
했다. 가까운 자연으로 나가 엑서사이즈를 즐겨보자.

혼자서 자연으로부터
영감을 얻는
엑서사이즈

PART 1

제 1 절

자연은 위대한 스승이자 치유자

자연에서의 깊은 체험은 인생을 완전히 변화시키거나 인생의 목적을 결정하는 데 큰 영향을 끼칠 수 있다. 나는 다섯 살 때 습지의 철새들을 바라보며 느꼈던 자연의 매력을 아직도 또렷하게 기억하고 있다.

안개가 짙게 낀 어느 서늘한 아침, 나는 평소와 같이 뛰놀고 있었다. 그때 어디선가 꽥꽥~ 하는 합창 소리가 들려왔다. 그 거대한 소리의 정체는 하늘을 가로지르며 내게로 날아오는 거위 떼의 울음소리였다. 나는 안개에 가려 희미한 거위들을 보기 위해 안개 속을 가만히 응시했다. 그때 울려 퍼진 두 번째 울음소리는 더욱 크고 선명했다. 그리고 순식간에 짙은 안개 사이로 수많은 순백의 거위 떼가 날아들었다. 내 머리를 스치듯이 날아가는 거위 떼의 펄럭이는 날갯짓 소리가 내 귓속을 가득 채웠다.

나는 하늘로 날아가는 거위 떼의 모습을 바라보며 문득 '하늘이 거위 떼의 엄마일까?' 라는 생각을 하며 5, 6초의 짧은 시간 동안 거위 떼의 윤기 나는 하얀 털과 하늘을 수놓은 아름다운 모습을 넋 놓고 바라보았다. 거위 떼는 마치 고향을 찾아가듯 하늘을 향하더니 안개 속으로 사라졌다. 이 특별한 경험은 내게 잊지 못할 깊은 감동을 남겼고 자연 속에 영원히 머물러야겠다는 마음을 갖게 된 계기가 되었다.

자연의 소박함은 우리 마음에 고요함과 자연과의 일체감을 불러일으킨다. 자연을 온전히 받아들이면 주위의 나무나 언덕과 하나 되는 불가사의한 느낌을 경험하게 된다. 시에라 네바다 산의 고요한 자연 속에서 존 뮤어 John Muir는 이렇게 말했다.

　　"바람에 흔들리는 초원의 풀들이 멈추면 이곳에 깊은 고요가 찾아온다. 자연이 우리의 일부이며 부모인 것처럼 거친 자연에 있는 모든 것이 우리와 하나 됨은 얼마나 경이로운가. 자연 속에서 우리의 육체가 자연에 녹아들고 '나'의 경계가 사라진다."

- 존 뮤어

　　자연에서 겪은 놀라운 체험은 우리 일생을 완전히 바꾸어버릴 수 있다. 하지만 이 놀라운 체험은 우리가 그저 산이나 공원을 찾아가는 것만으로는 충족되지 않는다. 자연과의 일체감을 느끼려면 반드시 마음속의 잡다한 생각들을 내려놓아야 한다. 그렇지 않으면 결코 존 뮤어가 느낀 기쁨을 얻지 못할 것이다.

　　나는 성인이 된 후 삶의 시간 대부분을 다른 사람들이 자연과 깊은 교감을 나눌 수 있도록 돕는 데 헌신했다. 그리고 많은 사람에게 쉽고 직접적인 자연 경험을 제공하고 자연의 영감과 즐거움을 느낄 수 있도록 많은 엑서사이즈를 만들어왔다.

　　1979년에 처음 발간한 나의 책, 『아이들과 함께 나누는 자연체험 Sharing Nature with Children』은 현재 28개국 이상의 언어로 번역되어 세계 곳곳에서 자연 체험 분야 베스트셀러로 많은 사랑을 받고 있다. 또한 책 출간과 함께 설립한 셰어링네이처 월드와이드 Sharing Nature Worldwide 재단을 통해 '자연 인식 Nature Awareness' 교육 활성화를 목표로 각 나라의 지도자들과 함께해왔다.

    - 한국에서는 2002년 『아이들과 함께 나누는 자연 체험1, 2 』이 우리교육 출판사에서 출판, 단종되었고 현재 수정본 『셰어링네이처』로 출판, 시판 되고 있다.

최근 브라질 셰어링네이처 국제 코디네이터 Sharing Nature national coordinator인 리타 멘돈카 Rita Mendonca 박사로부터 아마존 숲의 생태 관광 전문 안내인을 위한 셰어링네이처 교육 중에 있었던 이야기를 들었다. 이들은 아마존의 생태 전문가로 몇몇 안내인은 40년이 넘는 경력자였다.

교육 초기에 이들은 리타 박사가 대도시인 상파울루 출신이고 생태 관광 전문가도 아닌 터라 가르칠 것이 별로 없을 것이라 생각했다. 하지만 몇 가지 셰어링네이처 놀이와 활동에 참여한 후 이들의 태도는 급변했다. 한 여성 참가자는 리타 박사에게 "우리가 알고 있던 숲은 이런 모습이 아니었어요. 당신은 저뿐 아니라 우리 모두의 마음속에 아마존 숲이 존재하도록 도와주었고, 자연과 실제로 교감할 수 있다는 걸 깨닫게 해주었습니다."라며 고마움을 표시했다.

셰어링네이처는 자연과 우리의 관계를 깊게 연결해주는 엑서사이즈를 통해 우리의 감각을 '나'라는 자아에서 자연으로 그리고 자연 속의 모든 생명으로 확장한다.

셰어링네이처 자연 활동 참가자들은 차분한 '자연 인식'의 내면화를 통해 놀라운 효과를 경험한다. 매해 여름마다 애팔래치아 산맥과 퍼시픽 크레스트 트레일 Pacific Crest Trail을 여행하는 나의 친구 폴은 "보통 1개월 정도의 야생 생활을 해야 느끼는 깊은 자연 영감을 셰어링네이처 엑서사이즈 〈나는 산이다〉를 활용해 매우 짧은 시간에 느낄 수 있었다."며 자신의 셰어링네이처 활동 경험을 공유했다.

제 2 절

자연의 마음

> 66 자연에서 보낸 시간은 언제나 나와 함께할 것이다. 나는 그 소중한 시간 동안 자연의 만물이 뿜어내는 생생한 생명력을 느끼고 그들과 하나가 되었다. 바위들과 이야기하며 형제가 되고 아주 작은 모래알에서 심장의 고동 소리를 느꼈다. 나는 우리와 자연이 한 부모의 형제자매임을 믿어 의심치 않는다.

-존 뮤어 John Muir 『자연과 함께한 삶 My Life with Nature』 중에서

우리가 야생의 생명체에 끌리는 이유는 생명이라는 선물을 공유한 친밀감 때문이다. 우리와 형제인 모든 만물과 교감함으로써 '영혼의 풍요'를 발견한다.

캘리포니아 주 북쪽의 새크라멘토 야생 생물 보호 지역에서 하루를 보냈을 때의 일이다. 그날 저녁 나는 큰 연못 근처에서 쉬고 있는 다섯 마리의 고니를 보았다. 나는 해가 질 때까지 고니들을 바라보며 그들이 연못에서 떠나는 모습을 보기 위해 기다렸다. 하지만 그들이 떠나기는커녕 수백 마리의 고니가 여러 방향에서 날아와 연못으로 모여들기 시작했다.

코스트레인지 산맥의 일몰이 절정에 이르러 하늘이 보랏빛으로 물들었다. 그러자 더 많은 고니 떼가 하늘에서 내려오더니 무리 지어 연못에 머물렀다. 고니 떼는 마치 하늘에 떠 있는

것처럼 큰 날개를 우아하게 펼치며 연못 위에 사뿐히 내려앉았다. 마침내 해가 완전히 저물어 어둠이 찾아왔고, 나는 고니 떼가 연못 위를 가로지르며 내는 울음소리와 물결 소리를 들으며 밤을 보냈다.

불가사의한 자연 체험은 우리 몸속 세포들의 삼투압 현상과 비슷하다. 삼투압을 통해 세포들이 주위에서 영양분을 흡수하고 그 대가로 무언가를 돌려주듯이 자연과 만난 우리는 교감과 감사로 보답한다. 마이스터 에크하르트 Meister Eckhart(독일의 가톨릭 신비 사상가)가 말했듯이 깊은 묵상은 사랑이 넘쳐나게 한다.

일본의 환경운동가로 널리 알려진 다나카 쇼조 Tanaka Shozo는 "강들을 보살피는 것은 단순한 환경보호가 아니라 인간의 마음을 보살피는 것이다."라고 말했다. 우리는 사랑을 통해 만물과 하나임을 느낀다. 다른 생명을 배려하는 가장 근본적인 이유는, 자연을 괴롭히고 고통스럽게 하는 것이 곧 우리 자신을 괴롭게 하는 것임을 알고 있기 때문이다.

진정으로 자연을 사랑하고 존중하는 사회를 만들기 위해서는 모든 사람에게 자연에서 삶이 변화하는 체험을 하도록 기회를 주어야 한다. 삶의 새로운 태도는 인생의 목표를 바르게 결정하게 한다.

어렸을 때 밤하늘의 별들에 매료된 친구가 있었는데 하루는 이 친구가 내게 물었다. "난 사람들이 왜 집과 건물 안에만 틀어박혀 있는지 도대체 이해가 안 돼. 고개만 살짝 들어도 입이 쩍 벌어질 만한 아름다움이 있는데…… 혹시 사람들에게 별이 보이지 않는 걸까?" 어린아이의 순수한 마음은 이 세상 모든 것을 살아 움직이게 하는 마법과 같다.

브라이언 스윔 Brian Swimme은 그의 저서 『우주의 숨겨진 마음 The Hidden Heart of the Cosmos』에서 "남아메리카 인디언들은 자식들에게 어른이 되려면 마음속에 거대한 우주를 간직해야 한다고 가르쳤다."라고 말했다.

이제 조용히 눈을 감고 산속의 아름다운 호수를 바라보는 당신의 모습을 떠올려보자. 그러한 자신의 모습에 깊게 몰입할 때 주위의 모든 것이 생생하게 살아 움직인다. 하지만 과거나 미래에 대한 걱정과 불안이 떠오르면 당신을 채우던 아름다움과 생동감은 이내 사그라진다. 마음에 가득 찬 잡념을 떨쳐내야만 비로소 자연의 선물인 놀라운 영감으로 당신의 마음을 채울 수 있고, 그 순간 자연과의 일체감을 느끼게 된다.

다음 페이지에서는 자연과의 즐거운 교감 체험을 위한 혁신적인 엑서사이즈를 소개한다.

제 3 절

산림욕

> 66 나는 나무들 사이에서 하늘을 노래하는 바람의 속삭임을
> 들었다.

-헨리 워즈워스 롱펠로 Henry Wadsworth Longfellow

숲을 거닐면 나무 사이로 내리쬐는 따뜻한 햇볕을 통해 자연의 자비로움을 느낄 수 있다. 하늘 높이 뻗은 소나무와 가지를 넓게 펼친 참나무에 기대어 서면 우리 내면에서 넓은 마음과 배려심이 솟아난다.

산림욕은 숲을 거닐면서 병든 몸과 마음을 치료하는 활동이다. 나는 오래전에 일본의 알프스를 방문해 산림욕을 체험해 보았다.

숲의 나무들은 곤충과 부패 물질로부터 자신을 보호하기 위해 공기 중으로 수액과 화학 물질을 뿜어낸다. 관련 연구에 따르면 나무에서 나오는 물질은 사람의 스트레스와 혈당량을 감소시켜 집중력이 향상되며, 면역력과 생명력을 강화해 항암 효과도 있다고 알려져 있다.

모든 인류의 문명은 숲의 나무가 인간의 정신력을 고양한다고 믿었고, 고대인들은 나무를 신과 연결되는 통로로 여겼기 때문에 나무는 신을 위하는 제단이자 인류 최초의 사원, 성역이 되었다.

높이 자란 나무는 성장에 필요한 영양분의 95%를 공기 중에서 얻는다. 태양과 대기의 영양분으로 자란 나무는 자연의 신성한 자비로움을 나타낸다. 불교 경전은 나무의 무한한 자비에 대해 이렇게 표현했다. "나무는 관대해서 인간과 모든 생명을 보호하고 안식처를 제공한다."

EXERCISE

산림욕 엑서사이즈

숲길을 따라 걷다가 두 그루의 나무 사이에 있는 '요술의 문'을 찾아보자. 문 앞으로 다가가 오감으로 주위 자연에 집중한다.

* 주변의 나무 가운데 마음에 드는 나무를 선택한다.

* 나무의 뿌리부터 몸통을 따라 시선을 이동하며 하늘까지 올려다본다.

* 나무의 굵은 줄기와 잔가지들이 어떤 모습으로 뻗어 있는지 관찰한다.

＊ 숲의 새소리와 나무가 내는 소리에 귀를 기울인다.

＊ 나무와 숲을 어루만지는 바람과 소리를 느낀다.

＊ 숲의 냄새를 맡고 숨을 깊이 들이마신다.

1. 숲에서의 심호흡

숲에서 하늘을 올려다보며 태양을 찾아본다. 나무가 햇빛 에너지를 흡수하여 광합성 작용으로 당분을 만들고 산소를 내뿜으며 영양분을 만드는 과정을 상상해 본다.

왕성하게 자란 나무는 매일 성인 4명에게 필요한 하루 산소량을 만들어낸다. 숲의 나무들이 내뿜는 맑은 공기를 폐 가득 들이마신다. 그리고 숨을 내쉬면서 코와 입으로 나오는 이산화탄소를 숲의 나무에게 되돌려준다.

나무는 나뭇잎 뒷면에 있는 수많은 기공을 통해 숨을 쉰다. 손을 뻗어 나뭇잎을 부드럽게 만지고 코에 대본다. 나무가 내뿜는 공기를 들이마시고 당신이 내쉬는 이산화탄소를 나무에게 돌려준다. 나무와 함께 호흡하며 당신이 숲과 함께 존재한다는 것을 인식한다. 모든 존재가 서로 주고받는 공생 관계임을 느껴본다.

"인간과 나무는 호흡으로 연결되어 있다.
우리는 서로에게 필요한 공기다."

-마거릿 베이츠 Margaret Bates

숲을 거닐며 당신이 숲의 모든 것과 연결되어 있음을 느껴보라. 조지 워싱턴 카버 George Washington Carver의 글을 읽으며 세상 만물에게 당신의 마음을 활짝 열어보자.

"꽃과 숲에 가득한 작은 것들이 내게 말을 건넨다.
나는 그 모든 것을 바라보고 사랑함으로써 지혜를 얻었다."

2. 숲의 일부가 되다

만약 당신이 나무가 되어 숲에 산다면 어떤 나무가 되고 싶은가?

숲에서 볕이 잘 드는 좋은 자리를 찾아 그곳에 서보자.

이제 눈을 감고 당신의 뿌리가 땅속 깊이 파고들고 당신의 줄기가 하늘 높이 뻗어나가는 것을 느껴보라. 당신을 따뜻하게 비추는 햇살을 느껴보라. 당신의 온몸이 따뜻한 햇볕과 숲의 맑은 공기에 감싸 안기는 것을 느껴보라.

당신의 몸이 나뭇잎이라고 상상해보자. 햇살이 당신을 비추어 역동하는 생명을 느껴보라. 크고 건강한 참나무에는 25만 개의 잎이 달린다고 한다. 건강한 참나무의 무성한 나뭇잎처럼 당신의 팔을 넓게 뻗어보자. 나뭇잎 하나하나가 따사로운 햇볕을 받고 있다.

가까운 곳에서, 또 먼 곳에서 들려오는 숲의 소리를 들어보자.

이제 눈을 뜨고 꽃과 나무, 잔디와 덤불 그리고 바위와 새같이 당신 주위에 있는 숲의 생명체를 느껴보라.

이 모든 것이 서로 배려하며 당신과 함께 어울려 살아가고 있다. 숲의 모든 생명이 나누는 기쁨과 사랑을 느껴보라.

숲의 아름다운 장소를 찾아 그곳에서 다음과 같은 생각을 떠올려본다.

> **"지상의 모든 것은 신성함 그 자체다."**
>
> -존 뮤어 John Muir

나무는 특히 더 신성하다.
숲과 나무가 당신에게 어떠한 용기를 주었는가?
나무는 당신에게 어떤 고귀함을 보여주었는가?

삼림욕에 대한 상식

모든 나무는 피톤치드라는 물질을 만들어낸다. 피톤치드는 박테리아와 곰팡이, 해로운 미생물의 성장을 억제하거나 제거하는 항균 효과가 있다. 몇 종류의 나무는 먼 거리까지 공기 중으로 피톤치드를 뿜어 그 효과를 낼 수 있다.

연구에 따르면 침엽수류에서 피톤치드가 많이 발산되어 소나무가 밀집된 곳의 공기가 매우 맑고 깨끗하며 해로운 미생물이 적다고 한다.

1982년 일본 산림청장은 사람이 피톤치드가 풍부한 환경에서 생활하면 건강 증진에 도움이 될 것이라 추측했다. 그는 산림욕을 통해 스트레스를 해소하고 마음을 치유하는 방법을 연구하라고 제안했다.

2004년 일본 산림청은 숲 치유 효과에 관한 과학적 연구를 시작했고 그 결과 숲이 우리의 몸과 마음뿐만 아니라 다양한 영역에서 긍정적 영향을 끼친다는 것을 밝혀냈다. 현재 일본에는 62곳 이상의 숲 치유 센터가 있으며 몸과 마음 치유를 위한 다양한 프로그램을 제공하고 있다.

숲치유센터 몇 곳에서는 이틀 밤을 머무는 프로그램도 진행하고 있다. 프로그램 참가자들이 센터에 도착하면 우선 건강 검진을 받은 후 숲속을 자유롭게 산책하며 지낸다.

그리고 그곳을 떠나기 전에 또 한 번 건강검진을 받는다. 참가자들은 프로그램 시작과 끝에 실시하는 두 번의 검진을 통해 자신의 심적, 육체적 상태가 눈에 띄게 좋아진 것을 확인할 수 있다. 이런 긍정적 효과 때문에 일본의 많은 회사원들이 산림 치유 프로그램에 참여하면서 직원 복지의 혜택을 누리고 있다.

　숲에서 가장 효과적인 시간을 보내기 위해서는 자신의 오감을 최대한 활용해야 한다.

"자연과 진정으로 화합하고 환희할 때,
우리의 눈이 평온해지며 비로소 우리 삶의 내면을 엿볼 수 있다."

— 윌리엄 워즈워스 William Wordsworth

제 4 절

자연과 나

나는 노스캐롤라이나 주 비드웰 공원에서 〈자연과 나〉 활동을 처음 해보았다. 아내와 나는 녹색의 무성한 숲으로 둘러싸인 아름다운 협곡에서 흘러나와 만들어진 작은 시냇가에 앉아 있었다. 하루살이들이 물 위에서 춤을 추며 날아다니고 나뭇잎이 바람에 흔들리며 이리저리 날고 있었다. 시냇물 소리가 계곡 구석구석으로 퍼졌다. 자연 속에 가만히 앉아있는 단순한 엑서사이즈가 우리를 둘러싼 생명의 존재들을 역동적으로 느끼는 데 도움을 주었다.

〈자연과 나〉를 체험한 후 아내와 나는 평온한 마음으로 감각을 최대한 열고 계곡을 거슬러 올라갔다. 조그마한 개울에 다다랐을 때 갈색과 회색이 섞인 두 그림자가 물속에서 헤엄치는 모습을 보았다. 수달이었다. 수달은 냇가의 돌멩이와 색깔이 비슷해 쉽게 사람의 눈에 띄지 않았다. 수달 두 마리가 수영하며 뛰노는 모습을 10분 정도 관찰하는 동안 많은 사람이 우리 곁을 지나갔지만 누구도 수달의 존재를 알아채지 못했다. 만약 우리가 계곡을 거닐기 전에 〈자연과 나〉로 감각을 열어두지 않았다면 우리도 수달을 보지 못하고 그냥 지나쳤을 것이다.

심리학자들은 인간은 수백 가지 생각을 끊임없이 떠올린다고 말한다. 〈자연과 나〉는 끊임없이 떠오르는 생각을 멈추고 마음을 안정시켜 생명의 아름다움에 우리의 마음을 집중하는 데 도움을 준다.

야외로 나가 꽃이 가득한 들판이나 숲의 빈터 등 마음에 드는 장소를 찾는다. 그곳에 앉거나 서서 어깨와 팔의 힘을 빼고 두 손을 무릎 위에 편하게 올린다.

이 엑서사이즈는 당신의 마음을 사로잡은 주변의 자연현상을 관찰하는 것이다. 나무껍질의 결이나 바람에 흔들리는 꽃, 숲속에 울려 퍼지는 새들의 지저귐 등이다. 무엇을 관찰할지를 너무 깊게 생각할 필요는 없다. 하나의 관찰 대상에서 다른 것으로 자연스럽게 당신의 주의를 옮긴다.

새로운 것을 발견할 때마다 손가락으로 수를 헤아린다. 관찰에 점점 더 깊게 집중하고 손가락으로 가볍게 무릎을 눌러 수를 세며 당신을 둘러싼 모든 것이 자신과 하나임을 실감한다.

왼손 새끼손가락부터 수를 세기 시작해 오른손 새끼손가락까지 10가지 자연현상을 헤아린다. 이 활동은 당신이 원하는 만큼 반복해도 좋다. 일단 2~3회 반복해 20~30가지 현상을 관찰해보길 권한다.

〈자연과 나〉를 체험하는 또 다른 방법은 나무나 바위 등 자연 하나를 정해 흥미로운 특징 몇 가지를 찾아보는 것이다. 한 대상을 관찰하면서 그림자, 형태, 색, 모양, 주변 환경 등 15~20가지의 세밀한 특징을 찾아낸다. 자연현상에 과학적 관심이 많은 참가자라면 위의 방법으로 〈자연과 나〉를 체험하길 권한다. 이 활동을 마치고 나면 소 모둠으로 모여 무엇을 발견했는지 서로 이야기를 나눈다.

아이들은 자기가 관찰한 자연현상을 빨리 말하고 싶어 경쟁하듯 한다. 그러나 〈자연과 나〉의 목적은 단지 자연을 보기만 하는 것이 아니라 집중해서 관찰하는 것이라는 점을 분명히 이야기해줘야 한다. 나눔을 시작할 때 아이들과 같이 앉아 각자 관찰한 것 2~3가지를 함께 말하며 나누는 것이 좋다.

나를 품은 하늘과 땅

들판의 풀들이 바람에 이리저리 흔들리고 하늘의 구름은 부드럽게 흐른다. 나무에서 들려오는 새소리는 나의 마음을 울린다. 맥루한 T.C. McLuhan은 그녀의 책 『Touch the Earth』에서 이누이트족의 여성 주술가가 넓은 바다와 날씨를 관찰하며 얻은 감동과 기쁨을 이렇게 표현했다.

> 66 위대한 바다가
> 나를 이리저리 흔든다,
> 거대한 파도에 흔들리는 수초처럼
> 나를 흔든다.

우리는 단순히 자연의 겉모습만 보고 아름다움을 느끼는 게 아니다. 우리 마음이 자연을 품고 있기에 결국 자연은 우리의 일부다. 우리가 자연의 일부가 됨으로써 자연이 주는 숭고한 가치를 기쁘게 받아들일 수 있다. 자연은 우리의 삶과 정신의 폭을 넓혀주며 풍요롭게 한다.

19세기 영국의 작가이자 자연주의자인 리처드 제프리스 Richard Jefferies는 이렇게 말했다.

Richard Jefferies, *The Story of My Heart*, 1883

"꽃이나 강 같은 자연의 모든 것이 나를 어루만질 때 주위에 가득 찬 그들의 향기와 무한한 에너지를 느낀다."

제프리스는 넓은 바다를 바라보며 "바다의 강한 힘을 원한다."고 소리쳤고 밝게 빛나는 태양을 바라보며 "빛의 영혼을 나누어 받겠다."고 말했다. 그가 끝없이 펼쳐진 하늘을 바라볼 때면 그의 영혼이 하늘로 올라가 그곳에 머무는 것 같다고 말했다.

자연을 내면화하기 위해서는 우리 의식의 내면화가 필요하다. 내면화를 위해 먼저 당신 마음의 중심을 관찰하고 당신이 바라보는 자연의 중심과 마음의 중심을 연결해보자.

예를 들어 강을 바라보고 있다면 흐르는 강물을 당신의 마음으로 느껴보자. 마음속에 흐르는 강물의 이미지가 선명할수록 자연이 자신의 일부임을 강하게 느낄 수 있다.

나를 품은 하늘과 땅

단풍나무가 줄지어 서 있는 강가나 꽃이 활짝 핀 들판, 사시나무 숲 등 자연의 숨결이 생동감 있게 흐르는 아름다운 장소로 가보자. 실내에서 창밖의 풍경을 바라봐도 좋다.

1. 눈길을 끄는 자연 풍경을 당신의 내면 중심에
   떠올려보자. 마음에 그린 자연 풍경의 생생한
   생명력을 느껴보자.

2. 당신의 마음에 담은 풍경에서 어떠한 부분이
   가치 있게 떠오르는지 생각해보자.
   높게 솟은 산은 당신의 열정을 일깨워줄 것이다.

3. 당신의 눈길을 사로잡은 대상을 사랑스럽게 바라보며
   다음 문장에 그 대상을 넣어 읽어보자.

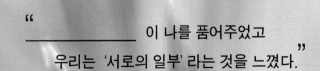

"
_____ 이 나를 품어주었고
우리는 '서로의 일부' 라는 것을 느꼈다.
"

예를 들어 당신이 하늘로 높게 치솟아 날아가는 까마귀를 관찰했다면 "하늘로 높게 치솟아 날아가는 까마귀는 나를 품었고 우리는 서로의 일부임을 느꼈다."라고 말한다.

4. 어떤 장소에 앉거나 걸어가면서 3번에서 말한 문구의 대상을 바꾸어가며 계속 읊조려도 좋고 그 문장 대신 "자연의 창조주가 나를 품었다."라고 말해도 좋다.

존 뮤어는 이렇게 말했다.

"마치 대리석 덩어리처럼 홀로 지내는 많은 사람은 무엇과도 관계를 맺지 않고 공감하지 않는다. 우리를 돕는 주위 사람과 아름다운 자연은 우리의 정체성과 의식을 확장시킬 수 있다. 살아 있는 자연의 마음을 깊게 느끼면 느낄수록 삼라만상이 통할 만큼 자연과 함께 나누는 즐거움이 더욱 커질 것이다."

제 6 절

감각의 확장

> " 인간은 홀로 존재하지 않는다.
> 이 세상에 존재하는 만물들,
> 인간은 자신이 바라보는 만물들과 하나다.

-메리 오스틴 Mary Austin

미국 남서부 지역에서 아이들을 가르치는 교사가 하루는 아이들에게 자신의 모습을 그려보라고 했다. 그는 그때를 이렇게 회상했다. "보통 아이들은 종이 한 장에 자기 몸을 가득 그려 넣습니다. 그런데 나바호의 아메리카 인디언 아이들은 자신을 조금 색다르게 그렸습니다. 자기 몸을 보통 아이들보다 작게 그리고 주변의 산들과 협곡들 그리고 사막들을 그렸어요. 나는 그것을 보고 나바호 인디언들은 자연을 자기의 일부, 마치 그들의 두 팔과 다리처럼 생각한다는 것을 알 수 있었어요."

우리가 자신의 한계를 넘어 거대한 무언가의 일부임을 이해하는 것은 자연이 우리에게 주는 위대한 선물이다. 이를 통해 우리는 자아의 경계가 무너진, 감각을 확장할 수 있는 내면을 갖는다. 〈감각의 확장〉은 자기중심적이고 이기적인 마음을 무너뜨리고 자아의 경계를 확장해 바다같이 넓은 마음을 갖도록 도와주는 훌륭한 엑서사이즈다.

데이비드 블란쳇 David Blanchette은 미국 하와이 주 오아후 섬에 있는 푸나호우 학교의 교사다. 그는 매년 13세의 학생들을 먼 해안으로 인솔해 〈감각의 확장〉 엑서사이즈를 진행했는데 참여 학생 중 두 명이 자연과의 교감을 통한 최상의 행복에 대해 이렇게 말했다.

"나는 주위의 자연들과 일체감을 느꼈고 굉장히 행복했어요."

"나는 해안을 향해 잔잔하게 파도치는 바다였어요. 그리고 시원한 물을 느끼는 암초 같았어요. 내 몸의 모든 부분이 물과 함께 움직이고 흘렀어요."

우리는 모두 드넓은 호수와 들판, 언덕에 펼쳐진 멋진 풍경을 바라보며 행복을 느낀다. 〈감각의 확장〉 활동은 당신이 바라보는 모든 자연경관을 집중해 '보면서' 큰 행복을 느끼게 한다. 산속에서 이 엑서사이즈를 체험한 한 여성은 이렇게 말했다.

"〈감각의 확장〉은 그림을 그리는 것과 비슷하다고 생각했어요. 그런데 갑자기 그림 안에 내가 들어와 있었어요."

〈감각의 확장〉 활동은 오감을 통해 자연과의 직관적 일체감을 느낄 수 있게 도와준다. 나는 이 엑서사이즈를 하면서 생명을 키우는 지구와 감성적으로 조화를 이룬 자신을 발견할 수 있었다.

EXERCISE

4

감각의 확장

사람은 마음을 움직이는 것에 끌리기 마련이다. 잔잔히 물결치는 호수, 흐르는 강의 물줄기, 바람에 흔들리는 나뭇가지나 나뭇잎 등 자연의 움직임을 볼 수 있는 최적의 장소를 찾아본다. 〈감각의 확장〉을 하기에 알맞은 장소는 전망이 좋은 곳이다. 흥미를 끄는 곳이나 멋진 풍경을 180도로 관찰할 수 있는 곳에서 가장 큰 효과를 얻을 수 있다. 들풀과 야생화, 키 작은 나무들이 있고 좀 떨어진 곳에 키 큰 나무가 보이면서 멀리 산봉우리들을 바라볼 수 있는 장소를 찾아보자.

✳ 자리에 앉아 눈을 감고 조용히 자신의 몸을 느껴보자. 멀리서 혹은 가까이서 들리는 자연의 소리에 고요히 귀를 기울여본보자.

✳ 눈을 뜨고 당신이 느낀 푸른 풀밭과 조약돌들 그리고 곤충들을 찾아보자. 고동치는 당신의 심장 소리를 듣듯이 주위에 존재하는 자연의 소리를 들으며 당신도 자연의 일부임을 느끼고 확인해본다.

✳ 위의 활동을 1분 정도 반복한다. 집중력이 흐트러지면 시선을 자연스럽게 바로 앞의 꽃과 풀들로 돌려 집중력을 되찾는다.

✳ 당신의 의식을 주변의 들풀이나 작은 돌 등으로 편안하게 넓혀간다. 20~ 30걸음 너머에서 있는 나무와 다른 생명으

로까지 넓혀간다. 넓혀가는 속도에 주의하면서 시선을 움직인다. 보이는 모든 것이 당신의 일부임을 느껴보자.

＊ 시선을 멀리 보이는 자연으로 점차 이동한다. 보이는 풍경 너머로 점점 거리를 넓혀 50m, 100m, 푸른 하늘까지 의식을 넓힌다.

＊ 〈감각의 확장〉을 통해 바로 당신 앞에 있는 풀과 꽃들로부터 멀리 보이는 산과 푸른 하늘로 의식의 경계를 점차 넓혀 당신과 일체됨을 느껴보라. 의식이 흐르는 대로 자연스럽게 시선을 옮기며 모든 자연과 하나임을 깨닫는다.

〈감각의 확장〉은 원하는 만큼 해도 좋다. 나는 그랜드 캐니언에서 3시간 동안 한 적도 있다. 빛과 그림자가 만들어내는 협곡의 드라마를 감상하고 까마귀가 하늘 높이 날아올라 빠르게 하강하는 것을 관찰했다. 〈감각의 확장〉을 처음 시도한다면 10~15분 정도 활동하길 권한다.

현재에 살기

늦은 봄, 시에라네바다의 고산지대는 여전히 눈으로 뒤덮여 있었다. 나는 등산을 마치고 차가 있는 곳으로 가기 위해 산을 내려왔는데 산 반대편으로 내려오는 바람에 길을 잃어 낯선 곳에 도착했다.

내가 길을 잘못 들었다는 것을 깨달았을 때는 이미 날이 저물어 되돌아갈 수가 없었다. 가벼운 차림으로 산행을 나섰던 나는 서둘러 눈이 녹고 좀 더 따뜻한 곳을 찾기 위해 계속 걸었다. 그 방향으로 계속 걸어가면 산을 가로질러 난 길이 나올 것이고 아마 늦은 밤이나 늦어도 다음 날 아침에는 도착할 수 있을 것이라 생각했다.

다행히 20세 때 시에라 네바다의 데스밸리(죽음의 골짜기) 부근에서 비슷한 경험이 있어서 당황하지 않고 내 자신을 믿으며 차분히 대처하는 것이 중요하다는 기억을 되살렸다.

당시 나는 친구들과 함께 데스밸리에서 열린 국립공원 내추럴리스트 팀장을 위한 캠프 프로그램에 참여했다. 하루는 오후 늦은 시간에 나 혼자 산책을 떠났는데 어느 순간 생각한 것보다 멀리 나왔다는 사실을 깨달았다. 두렵지는 않았지만 늦은 시간까지 내가 돌아가지 않으면 친구들과 프로그램 관계자가 걱정할 것이 염려되어 캠프를 향해 빠르게 걸음을 옮겼다.

저 멀리 캠프의 희미한 불빛이 반짝거렸다. 하지만 나는 아직도 멀리 떨어져 있었다. 나를 둘러싼 어두운 상황이 불가능해 보였다. 대륙 횡단 여행을 한 적도 있지만 그곳에선 어떤 길도 찾을 수 없었다. 나는 멀리 보이는 불빛을 향해 뛰기 시작했다. 그런데 갑자기 네바다 사막의 부드러운 모래알들이 딱딱한 바위로 바뀌었음이 발바닥으로 느껴졌다. 네바다 사막에서 모래가 아닌 딱딱한 바위가 느껴진다는 것은 바로 앞에 절벽이 있다는 신호이기 때문에 나는 즉시 그 자리에 멈춰 섰다. 발 근처에서 손바닥만 한 돌을 집어 눈앞의 어둠을 응시한 채 던져보았다. 수초 뒤에야 돌이 땅바닥에 떨어지는 소리가 들렸다. 정말로 내가 절벽 앞에 서 있었던 것이다! 산장의 불빛만 보고 길을 재촉하느라 주변에 무엇이 있는지 집중하지 못했고 하마터면 큰 사고로 이어질 뻔한 아찔한 순간이었다. 나는 주변을 발로 더듬으며 바위 사이로 난 좁고 가파른 절벽을 10m 정도 내려와 바닥에 닿은 다음에야 안도의 한숨을 내쉬었다.

그때 명확히 배운 것이 있다. 우선 마음을 가다듬고 내가 처한 상황과 주변 환경에 집중해야 한다는 것이다. 위험을 피한 나는 먼저 할 일이 무엇인지 생각하고 발걸음을 옮겨 안전하게 캠프에 도착할 수 있었다. 이 경험을 통해 어려운 상황을 만났을 때 도망치거나 두려워하기보다는 주변 환경에 집중함으로써 두려움과 상상이 만들어내는 부정적인 생각을 없애는 방법을 배웠다.

나는 시에라 네바다 산맥의 골짜기를 내려오면서 데스밸리의 경험을 떠올렸다. 덕분에 그 상황이 낯설지 않았고 이내 마음의 평온을 되찾을 수 있었다. 날이 점점 어두워져 어쩌면 오늘 밤엔 야영해야 할지도 모른다는 불안한 생각이 들었다. 사람은 공포감이 쌓이면 망상이 들어 어리석은 행동을 자주 한다는 걸 알고 있었다. 시간을 초월한 자연의 온화함에서 멀어지지 않으려고 마음을 단단히 먹었다. 두려움이 만드는 잘못된 결정들을 생각하며 마음을 차분히 가다듬고 주변 자연으로 주의를 돌렸다. 그러자 불안한 상황에도 불구하고 한결 가벼운 마음으로 발걸음을 옮길 수 있었다.

해가 진 뒤, 큰 호수를 발견한 나는 호수 언저리를 따라 걷기 시작하여 두어 시간쯤 지나 저 멀리 보트에서 낚시를 하고 있는 두 사람을 발견했다. 힘껏 소리쳐 그들에게 여기가 어디쯤이냐고 묻고 싶었지만 어둠 속에서 평온을 유지하던 마음을 흐트러뜨리지 않기 위해 그들과 가까워질 때까지 계속 발걸음을 옮겼다. 그때 한순간, 몸이 떨리면서 내가 살아 있다는 전율을 느끼며 그것이 얼마나 소중한지를 생각했다.

이윽고 호수의 작은 후미에 도착한 나는 낚시하는 또 다른 남자에게 평소와 다름없는 차분한 목소리로 그 호수의 이름을 물었다. 그는 "스포울딩"이라고 대답한 뒤 함께 낚시를 하던 친구들과 떠났다. 나는 그 호수를 잘 알고 있었다. 마침내 내가 어디에 있는지 알게 된 것이다.

내가 어둠 속으로 계속 걸어가려 하자 한 낚시꾼이 "이 강에 처음 오셨나요?"라고 물었다. 나는 길을 잘못 들어 그곳까지 내려오게 되었다고 대답했다. 그는 깜짝 놀라며 "당신 차까지 가려면 앞으로 17km는 더 걸어야 하는데 날이 저물어 어둑어둑하니 내가 태워다 드리죠."라고 말하며 친구들을 바라보았다. 그의 친구들은 만약 나를 데려다주면 자신들이 산장으로 돌아가는 시간이 늦어져 안 된다고 했다.

길을 잃은 것은 순전히 내 잘못이었기 때문에 그들을 비난할 수는 없었다. 그들이 이야기하는 동안 나는 조용히 그날 밤과 현재에 집중하며 마음을 차분히 했던 순간을 다시 떠올렸다. 결국 그들은 나를 데려다주었고 집으로 돌아오는 차 안에서도 나는 현재에 집중하며 자유로움과 기쁨에 더욱 감사했다.

당신이 현재를 인정하고 받아들일수록 현재를 즐길 힘이 넘쳐난다. 지금, 이 순간을 살아갈 때 숨 쉬는 모든 생명과 넘치는 기쁨을 느낄 수 있다. 마음을 차분히 하고 집중할 때 당신을 둘러싼 모든 외적인 일이 항상 최선의 결과를 낳을 것이다.

평화로운 산책

'현재' 이 순간을 살아가자

지금, 이 순간을 오감으로 음미하고 기쁨과 고요, 사랑을 느껴보자. 존 뮤어는 자연을 알려면 나무처럼 잡념이나 시간의 제약으로부터 자유로워야 한다고 말했다. 나만을 위한 생각을 멈추고 비울 때 비로소 나뭇잎과 꽃, 바위들이 내게 이야기를 걸어온다.

자연 체험의 성공 비법은 다음과 같다. 마음의 잡념을 없애고 있는 그대로 고요하게 자연을 받아들여 마음과 동화하는 것이다. 중국의 시인 이백은 거울처럼 맑고 고요한 호수 같은 마음을 그의 시에서 이렇게 표현했다.

獨坐敬亭山 　홀로 경정산에 앉아
衆鳥高飛盡 　새들이 하늘 높이 날아가 사라지고
孤雲獨去閑 　한 점의 구름도 사라져가네
相看兩不厭 　오랜 시간 바라보아도 지겹지않은 것은
只有敬亭山 　오직 눈앞에 있는 산 뿐이로구나

이 순간을 소중히 살아갈 때 우리의 감각은 맑고 민감해진다. 나를 둘러싼 모든 나무와 새소리, 하늘에 떠 있는 구름도 지금, 이 순간 가장 선명하고 아름답게 느낄 수 있다.

자연과 사람은 결코 뗄 수 없는 하나의 생명체다. 하늘의 구름을 보면 우리가 떠다니고 하늘을 가로질러 날아가는 두루미를 보면 큰 환희가 솟구친다.

내추럴리스트의 조언

헨리 데이비드 소로는 자연 속 걷기를 진지하게 생각했다. 그는 야외에서 걷고 싶은 이들에게 다음과 같이 조언했다.

"우리의 인생은 하루하루가 죽음을 각오하고 떠난 여행이라고 생각해야 한다. 마치 부모와 처와 자식, 친구들 그리고 세상과의 완전한 작별을 각오한 것처럼, 빌린 돈을 갚고 유서를 쓰며 삶의 마지막 관문인 죽음을 앞둔 사람처럼 살라. 그러면 당신은 자유인이고 걷기 위한 준비가 된 것이다."

시거드 올슨 Sigurd Olson은 이렇게 조언한다.

"야생에 있을 때, 우리의 문제를 가지고 가면 안 된다. 그렇지 않으면 기쁨을 잃을 것이다."

마음의 평온을 찾다

호흡은 당신의 마음을 나타낸다. 호흡이 차분해지면 마음도 편안해진다. 편안한 상태에서 심호흡을 하며 마음을 안정시킨다.

수분 동안 조용히 앉거나 서서 자연스럽게 숨을 쉬며 관찰한다. 호흡을 조절하려 애쓰지 말고 그저 호흡에 집중한다. 숨을 들이마실 때는 "스틸 still(정:靜)", 숨을 내뱉을 때는 "네스 ness(숙:肅)"라고 읊조리며 지금, 이 순간에 마음을 집중한다.

호흡할 때마다 "스틸……, 네스……."라고 읊조리면서 호흡이 잠시 끊기는 순간, 현재 눈앞에 있는 것에 집중한다. 과거나 미래의 걱정 때문에 혼란해진 마음을 현재 눈앞에 있는 것에 집중한다.

무엇이든 될 수 있다

"마음을 고요히 하고
생각을 쉬게 하라.
내 앞에 있는 모든 것이 되고 싶다.
'나'를 버리면 무엇이든 될 수 있다."

-조셉 코넬

마음이 혼란하다면 이 시를 반복해서 읊조려보자. 어지러운 마음이 말끔히 사라지고 '지금, 이 순간' 당신이 보고 있는 것들로 채워질 것이다.

자연의 소리나 움직임 속에서 자신을 느껴보자

산책하면서 자연이 자신의 일부임을 느껴보자. 나무 중에서도 힘차고 우람한 나무가 된 당신의 모습을 상상해보라. 부드러운 바람에 살랑살랑 흔들리는 잎사귀들과 가지들의 움직임을 내면에서 느껴보자.

나뭇가지 사이로 날아다니는 새가 되어보자. 새들의 지저귐이 당신 안에서 공명해 하모니를 이루는 데 귀 기울여보라. 나뭇가지와 나뭇잎들을 스치고 초원과 언덕의 풀들을 흔드는 바람의 움직임을 느껴보라.

"우리와 조화를 이루는 야생의 자연은 얼마나 놀라운가.
태양은 우리 몸이 아니라 마음을 비춘다.
강은 과거로 흘러가는 것이 아니라 우리를 통해 흐른다."

-존 뮤어

만약 당신의 마음이 현재가 아닌 과거와 미래의 혼란 속에 머물러 있다면 다음과 같은 생각에 마음을 집중해보자. 온몸으로 미소 지으며 아래의 말을 즐겁게 반복한다.

> "나는 평화, 나는 기쁨
> 모든 것 안에 내가 있다."

언제나 긍정적으로 살자. 자신의 생각에 몰두한 나머지 더 작아진 자신보다 넓은 세상으로 확장된 자신의 모습을 즐기자.

제 8 절

나는 산이다

우리가 차분한 마음으로 자연의 엄숙함과 고요함에 머물 때 나와 자연의 경계가 서서히 허물어진다. 앨런 분 J. Allen Boone은 그의 책 『침묵의 언어 The Language of Silence』에서 심오한 관찰에 관해 말했다.

> 66 나와 아메리카 인디언은 서로 만날 때마다 눈에 보이지 않는 의식(儀式)을 한다."

아메리카 인디언은 앨런 앞에서 움직이지 않고 침묵하며 그의 마음을 '읽으려' 했다. 앨런은 침묵의 언어가 마음의 소리에 귀 기울여 자연의 생명과 대화하며 관계를 이어주는 인디언들의 비법이라고 이야기한다.

「나는 산이다」는 당신의 마음과 자연을 연결하는 엑서사이즈다. 이 간단한 명상은 눈으로 자연을 보며 그 본질을 느낌으로써 자연에 대한 인식을 내면화하는 데 도움을 준다. 마음 깊은 곳에서 자연의 생명과 연결될 때 자연의 정신적 본질을 우리 삶 속에서 느낄 수 있다.

워크숍에 참여한 자크 씨는 자신의 체험담을 나누었다. "〈나는 산이다〉 엑서사이즈는 도저히 도달할 수 없는 높은 곳으로 나를 데려다주었어요. 어제 강가에서 두어 시간 홀로 앉아 침묵

속에서 자연을 관찰했어요. 오늘은 4분 정도의 짧은 시간이었지만 〈나는 산이다〉 활동을 아주 강렬하게 경험했습니다. 어제와는 또 다른 경험이었어요."

EXERCISE

6

나는 산이다

이 엑서사이즈는 혼자 또는 모둠별로 할 수 있다. 먼저 야외에서 멋진 경관을 볼 수 있는 조용한 장소를 찾는다. 만약 마음에 드는 장소에 갈 수 없다면 마음속에 그런 장소를 떠올려도 좋다.

혼자 하는 방법은 다음과 같다. "나는 ○○이다."라는 말을 조용히 반복하며 하늘에 떠 있는 구름이나 숲속의 나무 사이로 부는 바람 등 자기 마음을 사로잡는 자연의 모든 것을 찾아본다. 잠시 그 자연물이 자기 마음속에 살아 있음을 즐겁게 느끼면서 다음과 같이 읊조린다. "나는 흘러가는 구름, 나는 흔들리는 나무, 나는 물 위를 부드럽게 스쳐 지나가는 바람."

이 엑서사이즈를 친구와 함께 하는 방법도 있다. 한 사람은 신호 역할을 하고 다른 한 사람은 응답 역할을 한다. 신호자가 "나는……" 이라고 말하면 응답자는 빈칸을 메우며 응답한다. "나는……" 이라고 말하는 사람은 응답자의 시야를 방해하지 않도록 응답자의 등 뒤에서 차분한 어조로 말한다.

신호자가 "나는……"이라고 말하는 순간
응답자는 주위에 집중한다. 그리고 자신의 눈길을 사로잡은
모든 자연을 바라보며 "…… 바람이다.", "…… 하늘이다.",
"…… 들꽃이다."라고 말한다.

응답자는 그 자연이 무엇이든 자신의 마음속에 그것이 살아
있음을 즐겁게 느끼면서 간단한 단어나 문장으로 표현한다.

예를 들면

    (신호) 나는……
    (응답) 떠다니는 구름
    (신호) 나는……
    (응답) 흔들리는 가지
    (신호) 나는……
    (응답) 호수 면을 스쳐가는 바람

익숙해지면 신호자가 "나는……"이라는 말 대신
"나는…… 좋아한다.", "나는…… 느낀다."라고 바꾸어도 좋
다.

예를 들어 "나는…… 좋아한다.", "나는 보라색 꽃을 좋아한
다.", "나는…… 느낀다.", "나는 마음속에 큰 기쁨을 느낀다."
등이다.

또한 신호자가 "나는⋯⋯"이라고 반복할 때 응답자가 아직 자연물을 찾지 못해 응답하지 못하면 집중을 유지하면서 "지금"이라고 계속 말할 수 있다.

친구와 함께 〈나는 산이다〉를 하면 자연과 공감할 수 있을 뿐만 아니라 서로 이야기를 나눌 수 있어 좋다.

신호자 역할과 응답자 역할을 5분 정도 한 다음 역할을 교대하고 두 사람이 각각의 역할을 체험했다면 주변 자연의 고요함을 편안하게 즐긴다.

이 활동을 친구와 해본 후 익숙해지면 혼자서도 할 수 있다.

〈나는 산이다〉 엑서사이즈를 반복하면 마음이 열리고 자연과 교감함으로써 자연 감성이 높아져 자연과의 커뮤니케이션을 즐길 수 있다.

제 9 절

생명의 자비

큰 힘의 존재

1887년, 영국군 장교였던 프란시스 영허스번드 경 Sir Francis Younghusband은 상관으로부터 중국의 수도인 베이징에서부터 고비 사막과 히말라야 산맥을 넘어 인도까지 탐험하라는 명령을 받았다.

프란시스 경은 세계에서 가장 넓은 사막과 가장 높은 산맥을 최초로 넘은 유럽인이 되었다. 그는 길을 안내하는 가이드들과 언어가 달라서 여행 중 대부분의 시간을 야생에서 홀로 보냈다. 그는 이 여정을 『자연의 마음 The Heart of Nature』이라는 책에 담았다.

"해가 떠 있는 시간에는 여덟 마리의 낙타에게 먹이를 주고 휴식을 취했다. 그리고 매일 오후 5시에 출발해 새벽 1시나 2시까지 사막을 걸어 횡단했다. 나의 여행은 노을이 지고 밤이 깊어질 때 시작됐다. 끝없이 밤하늘을 수놓은 별들은 마치 다이아몬드처럼 영롱한 빛을 내뿜었다. 사파이어 빛깔의 하늘에 빛나는 별들이 내 머리 위에서 반짝이고 내 주위에는 사막으로 뒤덮인 거대한 고요만 있었다."

"사막을 횡단하는 내 눈에는 오직 별밖에 보이지 않았고 끝없는 고요가 가득했다. 사람과 마을로부터 점점 멀어지고 오랫동안 방황하듯 걷고 있으면 빛나는 별들과 내가 더 가까이

있는 듯한 기분에 휩싸였다."

"내가 바라보는 수천 개의 별 외에도 우주에는 수억 개의 별이 더 있음을 알고 있었다. 놀랍게도 매일 밤 수백만개의 별이 바뀌며 채워졌다. 나는 거대한 우주의 넓이를 알면 알수록 궁금증에 휩싸였다. 우주의 거대함만이 아니다.

나를 감동시킨 것은 미세하지만 강력한 힘으로 이 모든 것을 지배하는 존재였다. 별들의 궤도를 지시하고 모든 양자에까지 영향을 미치는 큰 힘이 느껴졌다. 난 그 힘에 압도되었고 별들을 탄생시킨 신에 대한 경외감이 내 마음을 흔들었다."

"이 압도적인 힘 없이는 우리는 매일 해가 뜨고 지는 것을 볼 수 없으며 일몰 후 별들이 지평선에서 올라와 자오선을 지나 반대편 지평선으로 사라지는 것을 볼 수 없다. 모든 것이 바르고 규칙적으로 운행되고 있음을 느꼈다. 혼란이나 우연히 존재하는 것은 없다. 뭔가 위대한 존재가 규칙을 지키게 하고 질서를 유지해 길을 제시하고 있다는 사실이 나를 압도했다. 나는 매우 안정되고 고요한 불변의 존재가 우리를 안심시키고 평화와 충만한 만족을 준다는 것을 느꼈다."

프란시스 경은 나중에 티베트를 여행하면서 느낀 영혼의 안식과 평화에 관해서 이야기했다.

"캠프에 도착하자마자 혼자 산으로 올라갔다. 저녁 풍경은 참으로 아름다웠고 산 경사면에서 태양이 빛나고 있었다. 내 발밑으로 보이는 계곡은 깨끗하고 평화로 가득했다. 이 모든 것이 세상과 조화롭고 나와도 조화롭다고 느꼈다."

"15개월의 여행 후 내 몸과 마음은 매우 편안했다. 내 마음을 자유롭게 펼칠 수 있고 소소한 현상들을 받아들일 만큼 감성이 민감해져 어떠한 부름에도 곧 반응할 수 있는 상태가 되었다. 나는 정말로 자연의 깊은 마음과 조율된 것 같았다."

"그때의 체험은 나에게 이런 것이었다. 세상과 사랑에 빠진 듯한 오묘한 기분처럼 내 마음속에서 무언가가 솟구쳐 오르는 것을 억제하기 어려웠다. 세상이 사랑 그 자체라고 생각되었다."

"이것은 나만의 특별한 체험이 아니다. 많은 남녀노소가 여러 곳에서 체험하고 있다. 누구나 다 할 수는 없겠지만 그렇다고 진기한 경험도 아니다."

모든 생명 속에 조화가 있다

얼마 전 캐스케이드 Cascade 산맥에서 캠프를 했을 때의 일이다. 야생화가 흐드러지게 피고 거품 나는 여울의 작은 계곡에 간 적이 있다. 이 계곡이 너무 즐거워서 남이 보아도 알아볼 정도로 나는 기뻤다. 흥겨운 전율이 있는 곳이라 집으로 돌아가야 할 때는 매우 아쉬웠다.

존 뮤어는 야생의 자연에서 생활하는 기쁨에 대해 평생 동안 이야기 했다. 그는 찰스 다윈의 진화론을 지지하는 사람들이 자연을 오직 생존을 위한 투쟁과 경쟁만 존재하는 곳이라고 표현하는 것에 반대했다. 또한 현대 과학자들이 자연을 "경쟁에서 이긴 것만이 살아남는다."라고 보는 관점에도 동의하지 않았다.

산림생태학자들은 적자생존론과는 달리 식물들은 경쟁하기보다 서로 조화를 이루며 살아간다는 사실을 발견했다. 나무들은 서로의 뿌리를 얽어매 홍수와 강풍에 쓰러지지 않도록 도와주며 땅의 양분을 가장 필요로 하는 나무에게 양보하면서 생존을 위해 조화롭게 대처한다는 것이다. 한 연구에서 과학자들은 나무 한 그루를 선택해서 나뭇잎에 천을 둘러 광합성을 하지 못하게 만들었다. 그러자 주위의 나무들이 거미줄처럼 얽인 균사의 연결망과 살아 있는 균의 세포를 통해 광합성이 불가능한 나무에 영양분을 나눠주는 놀라운 모습이 관찰되었다.

19세기 러시아의 과학자 피터 크로포트킨 Peter Kroporkin은 동시베리아 지역에서 진화론의 주요 조건인 '적자생존'을 전제로 진화의 증거를 찾으려 했다. 그러나 놀랍게도 생태계 변화에 가장 잘 대처한 동물은 먹이사슬의 가장 위에 있는 강한 동물들이 아니라 생존을 위해 서로 협력하는 동물들임을 발견했다. 그는 이러한 사실을 인간에게 적용하며 이렇게 말했다.

"가장 적응을 잘 한 것은 누구일까요? 항상 싸우는 존재일까요? 아니면 서로 도우며 협력하는 존재일까요?" 대부분의 전통 사회는 구성원의 협력을 바탕으로 유지되어왔고 과도한 경쟁은 공멸을 자초한다는 것을 알고 있다.

앵글로 아메리칸 교사가 나바호족 아이들 반에서 인간관계에 관한 중요한 교훈을 얻은 이야기를 했다. 그는 처음 한 주

동안 나바호족 아이들에게 아주 간단한 질문들을 했다. 그리고 한 아이가 정확하게 대답하지 못하면 대신 대답할 사람이 있느냐고 물었다. 그러나 다른 아이들은 앞만 바라볼 뿐 대답하지 않았다.

그는 다른 아이들이 답을 알고 있을 것이라 확신했기 때문에 그들의 침묵에 당황했다. 시간이 지난 후 그는 다른 아이들이 침묵을 지킨 이유를 알게 되었다. 친구 체면에 상처를 주지 않기 위해서였다. 아이들은 친구의 기분과 신뢰가 교사에게 좋은 인상을 주는 것보다 더 중요하다고 생각했다.

서로 다른 세상

함께 여행을 떠난 두 마리의 강아지, 톰과 버디에 관한 우화다. 여행을 하던 톰과 버디는 작은 마을에 도착했다. 톰은 마을에 있는 작은 건물의 현관문이 열린 것을 발견하고 그 안을 보려고 대담하게 건물 안으로 들어갔다. 그 순간 그의 앞에 펼쳐진 광경은 두려움 그 자체였다. 톰은 자신을 향해 으르렁거리는 100마리의 개를 보고 건물에서 허겁지겁 뛰쳐나왔다.

잠시 후, 톰이 뛰쳐나온 걸 모르는 버디가 같은 건물 앞을 지나게 되었다. 건물로 들어간 버디는 100마리의 개가 자신을 향해 꼬리를 흔들면서 환하게 웃는 모습을 보았다. 버디는 건물을 나서자마자 톰에게 "건물에서 우리와 같은 강아지를 많이 봤는데 정말 친절하더라! 난 여기서 살고 싶어."라고 말하며 이 우화는 끝난다.

왜 버디는 톰과 다른 경험을 한 것일까? 이유는 아주 간단하다. 톰과 버디가 들어간 건물안에는 수백 개의 거울이 있었고 거울에 비친 자신의 모습을 본 것이다. 마을로 들어설 때 톰은 다른 개들을 믿지 않고 자신을 보호하기 위해 으르렁거렸다. 그러니 톰이 의심에 가득 차서 으르렁거리는 개들의 모습을 본 것은 당연했다. 반면, 버디는 다른 개들이 우호적일 것이라 기대하며 즐거움과 행복이 가득한 마을을 상상했기 때문에 100마리의 행복하고 즐겁게 웃는 개를 본 것이다.

우화 속의 거울처럼 우리가 사는 세상도 우리의 생각과 기대를 반영한 결과로 만들어진다.

만일 우리가 모든 생명을 존귀하게 여긴다면 만물의 조화와 그 가치를 깨닫게 될 것이다.

"아름다운 영혼은 언제나 아름다운 세상에 깃들어 있다."

-랠프 월도 에머슨 Ralph Waldo Emerson

평온은 생명의 자비를 드러낸다

프란시스 영허스번드 경은 오랫동안 고비 사막과 티베트를 여행했다. 그의 경험은 오랜 시간 고요하고 엄숙한 밤길을 걸으면서 얻은 것이다. 프란시스 경은 "자연의 고요함이 지극히 심오했다.

풀과 나무가 우거진 곳에 도착하면 나뭇가지에서 지저귀는 새소리와 풀밭에서 들리는 곤충의 날갯짓 소리가 마치 런던 시내 중심에서 들리는 굉음 같았다."라며 야생의 자연을 찬양했다.

자연의 순수함은 우리 내면의 순수함을 끌어낸다. 새와 바위 그리고 생명을 싹틔우는 나무는 자기를 들어내지만 주장하지 않는다. 그래서 우리는 모든 것을 베푸는 야생의 자연 속에서 평화를 느낀다.

인간만큼 자아가 강한 존재는 없다. 자아가 강할수록 다른 생명과 공존하기보다 홀로 살아가려는 욕망이 크다. 오늘날 일어나는 현대인의 모든 문제는 강한 자아실현과 욕망에 뿌리를 두고 있다.

자연과의 교감은 모든 생명의 고유한 아름다움과 사랑에 관한 것으로 이기적인 마음이나 태도가 아닌 고요 속에서 이루어진다. 이 엑서사이즈는 명상을 통해 자연과 교감하고 감수성을 높인다.

이 엑서사이즈를 하려면 아름다운 숲으로 간다. 실내라면 마음속에 아름다운 곳을 떠올려도 좋다.

고개를 들어 따뜻한 햇볕을 느껴보자. 태양은 45억 년 동안 안전하고 정확한 거리에서 우리에게 빛과 온기를 보내주고 숲에 신선한 햇살을 비춰주었다. 숲에 생명을 제공하는 햇살을 느껴보자.

주변의 나무들을 바라보라. 이 나무들이 어떻게 하늘을 향해 자라났는지 관찰해보라. 나무의 몸을 구성하는 80%의 물질이 대기에서 만들어진다. 나무를 이루는 물질은 땅과 공기 그리고 태양이 뿜어내는 생명이다.

커다란 나무의 몸통과 나뭇가지, 잎을 관찰해보자. 나무를 구성하는 물질은 어디서 왔을까? 답은 탄소다. 탄소는 공기 중의 이산화탄소에서 온다.

나무에서 떨어진 씨앗은 1%만 생존한다. 나무의 몸통은 안쪽에서 바깥쪽으로 자라고, 나뭇가지는 가지의 끝부분이 자라 하늘로 뻗어나 간다. 나무의 약 99%를 구성하는 목질은 나무가 하늘을 향해 높이 성장하는 데 지주 역할을 한다.

태양처럼 나무도 세상에 좋은 영향을 끼친다. 나무가 자라는 숲은 인간과 지구에 필요한 산소를 제공한다. 또한 수많은 생명체의 안식처이자 쉼터다. 숲의 그늘과 잎의 수분 증발은 기온을 조절해 동물들이 살아가는 데 도움을 준다.

연구에 따르면 숲은 사람의 마음을 편안하게 하고, 풍부한 영감을 주어 창조력을 높이며 몸의 휴식을 유도한다. 도심 가까이 있는 녹색 공간은 지역 감각을 새롭게 하고 사람들 사이의 친밀감을 높여 긍정적인 관계를 맺게 한다. 나무는 병도 낫게 한다. 나무가 보이는 병실의 환자는 그렇지 않은 병실의 환자보다 수술 후 회복이 더 빠르다고 한다.

"나무는 생존을 위해 어떤 요구도 하지 않는다. 무한히 친절하고 자비가 가득해 모든 것을 생명체에게 제공한다."

-석가모니

태양과 나무는 자연의 사랑을 나타내는 상징이다. 자연의 조화는 살아 있는 모든 것에 생기를 불어넣는다. 이러한 자연의 생명과 사랑의 흐름은 자연의 모든 것을 하나로 연결하는 중요한 요소다.

나무처럼 살아 있는 모든 것과 깊이 교감하기 위해 좋아하는 자연의 장소를 찾아가 보라. 그곳에서 멜리사 크리지 Melissa Krige의 '명상의 나무' Trees of Light Meditation를 되뇌어보자.

호흡을 반복하면서 숲과 당신 주변의 나무들로부터 생명의 흐름을 주고받고 있음을 느껴보자.

숲이 숨을 내쉴 때 우리는 숲의 생명을 받아들인다.

우리가 숨을 내쉴 때 숲은 우리의 호흡을 받아들인다.

숲이 우리에게 베풀 듯이 우리도 숲에 베푼다.

모든 좋은 것은 고요에서 온다

정숙한 마음과의 조화

불교 승려인 나카니시 고도가 며칠 동안 눈 덮인 산 위에서 명상 수행을 한 적이 있다. 스님의 존재를 느낀 새들은 조금 멀리 떨어진 곳에서 경계의 눈길을 보냈다. 스님은 고요하고 맑은 공기를 조용히 호흡하면서 반쯤 감긴 눈으로 지그시 앞을 내려다보며 마음을 안정시켰다. 스님이 명상을 하고 있는 사이, 새 몇 마리가 사람에 대한 경계를 풀고 스님의 어깨와 무릎 위로 날아와 앉았다. 스님의 고요하고 안정된 마음이 인간에 대한 새들의 두려움을 없애고 서로 교감할 수 있었던 것이다.

마음이 고요하면 주위 환경과의 조화를 느낄 수 있다. 고요가 사람의 감각을 얼마나 민감하고 깊어지게 하는지도 느끼게 된다. 다음 문장을 읽은 후 눈을 감고 문장의 이미지를 마음속에 그려보자.

* 당신의 마음이 산으로 둘러싸인 고요한 호수라고 상상한다. 호수에 비친 산과 나무들, 하늘을 상상해본다.

* 당신의 마음이 바람이 불어 물결이 거칠어진 호수다. 바람이 호수에 비친 산과 나무들, 하늘을 볼 수 없도록 당신을 방해한다.

＊ 당신의 생각을 천천히 내려놓고 바람을 멈춘다. 마음속 호수는 다시 산과 나무들, 하늘을 선명하게 비춘다.

호수 위로 세찬 바람이 불면 호수에 비친 자연의 모습이 알아볼 수 없게 흐트러진다. 바람이 멎고 다시 고요가 찾아오면 거울같이 맑은 호수에 산과 나무들, 하늘의 모습이 선명하게 비친다. 사람의 마음도 고요해지면 비로소 모든 현실이 또렷하게 보인다.

방황하는 마음

안타깝게도 고요한 마음을 유지하기는 매우 어렵다. 심리학자들은 사람은 평소 1분이라는 짧은 시간 동안에도 무려 3백여 개의 생각을 떠올린다고 말한다. 2010년, 하버드 대학교의 매튜 킬링스워스 Matthew A. Killingsworth와 다니엘 길버트 Daniel T.Gilbert는 연구를 통해 작업자 47%가 업무 시간 동안 자신의 업무와 전혀 관련 없는 다른 생각을 한다는 것을 밝혀냈다.

나는 오스트레일리아의 수도 캔버라의 교사 25명을 대상으로 이것을 실험한 적이 있다. 나는 교사들에게 한 그루의 아름다운 나무에 둘러앉아 가능한 한 길게 마음을 집중해서 그 나무를 관찰하라고 말한 뒤, 만약 자기 시선이 그 나무에서 다른 나무로 움직이면 손을 들라고 했다. 6초 정도 지나자 모든 교사가 손을 들었다. 교사들은 자신들의 마음이 얼마나 바쁘게 움직이는지를 알고 매우 놀라워했다.

마음이 이리저리 방황하고 지금, 이 순간에 집중하지 못하면 당신이 좋아하는 사람이나 자연과의 깊은 관계 형성에 어려움을 느끼게 된다.

생명과의 대화

새들이 두려움 없이 나카니시 스님의 어깨와 무릎에 내려앉은 것은 단순히 스님의 어깨와 무릎이 머무르기 편해 보여서가 아니다. 근본적인 이유는 새들이 스님이 내뿜는 평화로움에 이끌렸기 때문이다. 그 후 나카니시 스님은 38세가 되던 1934년에 '일본 야조회(日本野鳥會)'를 창설하고 남은 삶을 야생 조류 보호 운동에 헌신했다.

인간이 마음속의 욕망과 불안들을 잠재울 때 동물들은 인간에 대한 두려움 대신 친근감을 느낀다. 걱정과 두려움으로 얼룩진 마음의 벽을 허물면 한결 더 쉽게 자연의 동식물들에게 다가갈 수 있다.

야외에서 명상할 때 많은 동물이 신뢰와 친근함을 느끼며 내게 다가온다. 한번은 명상을 하고 있는데 커다란 수사슴 한 마리가 내 근처로 다가오더니 조용히 앉아 나를 응시했다.

나는 명상을 하면서 그 수사슴을 축복하고 어루만지는 모습을 상상했다. 그러자 놀랍게도 수사슴이 몸을 일으키더니 내게서 두 걸음쯤 떨어진 곳까지 다가와 앉아서는 20분 동안 또렷이 나를 바라보았다. 수사슴은 자기가 가까이 왔다는 것을 알리려는 듯 가끔 콧소리를 내기도 했다.

자연을 여행하는 많은 사람이 자연의 놀라운 광경을 목격하며 느낀 고양된 기분과 기쁨을 이야기한다. 나는 20대 초반에 요세미티 국립공원을 여행하면서 밤의 깊은 고요를 경험한 적이 있다. 자연의 깊은 고요 속에서 강이랑 산맥과 교감하는 동안 나의 의식이 요세미티 국립공원 전체로 점점 퍼져나가는 것이 느껴졌다.

이때 느낀 감격과 감동을 계기로 나는 자연 활동을 위해 평생을 받치겠다는 결심을 했다. 그러나 평생을 야생에서 생활하는 것은 불가능하기에 장소와 상관없이 깊은 명상을 통해 자연 교감의 내면화를 위해 노력했다. 나는 지금까지 매일 명상하며 나와 자연이 하나임을 되새긴다.

올바른 명상 방법 배우기와 실천

명상의 긍정적 효과는 매우 크다. 마음의 평온을 찾을 수 있고 자아를 인지하고 확장할 수 있다. 사람과 사랑으로 조화를 이루는 방법도 배울 수 있다. 더불어 창조력과 상상력이 자라고 육체와 정신의 활력을 되찾는 생명력과 통찰력을 얻을 수 있다. 이 책에 나온 다양한 엑서사이즈를 명상과 함께 진행한다면 더 좋은 경험을 할 수 있을 것이다.

다음에 소개하는 방법으로 깊은 명상을 하면 조금 더 쉽게 마음의 평화를 찾을 수 있다.

호흡 관찰 명상

몸과 마음을 평온한 상태로 만들기 위해서는 먼저 몸의 근육을 이완시켜야 한다. 근육을 서서히 이완시키면 전에 내 몸이 얼마나 긴장했는지를 깨닫게 된다. 다음에 소개하는 2가지 엑서사이즈를 해보자. 첫 번째 엑서사이즈는 몸의 긴장을 이완시키고 두 번째 엑서사이즈는 마음을 평온하게 하는 효과가 있다.

1. 온몸의 근육을 긴장시키며 숨을 힘껏 들이마신 다음 천천히 숨을 내쉬며 근육의 긴장을 풀어준다. 이 엑서사이즈를 3회 반복한다. 근육을 긴장 및 이완시키면서 의식하지 못했던 몸의 긴장을 풀어준다.

2. 호흡은 사람의 정신 상태를 반영한다. 호흡이 깊고 차분하면 마음이 차분해지고 호흡이 가쁘고 빨라지면 마음도 조급해진다. 명상에 들어가기 전에 다음 호흡법을 이용해 마음을 차분히 가라앉힌다.

하나부터 넷까지 4초 동안 천천히 숫자를 세며 숨을 들이마시고 4초 동안 호흡을 멈춘다. 그다음 4초 동안 천천히 숨을 내쉰다. 이것이 '숫자 세기 호흡법 even-count breathing' 이다.

하나에서 넷까지가 아니라 당신이 원하는 수를 정해 호흡해도 좋다. 다만 숨을 들이마시고, 멈추고, 다시 숨을 내쉴 때 세는 수는 같아야 한다. '숫자 세기 호흡법'은 최소 6회 정도 반복한다.

호흡 명상

명상을 통해 차분해진 호흡은 마음의 평화를 가져다준다.

다음에 소개하는 명상법이 호흡과 마음을 안정시키는 데 도움을 줄 것이다.

숨을 깊게 들이마시고 천천히 내쉰다. 숨을 들이마실 때는 호흡의 흐름, 숨을 내쉴때는 몸의 움직임을 느껴보자. 호흡의 깊이나 길이에 너무 신경 쓰지 말고 호흡의 흐름을 관찰하는 데 집중하자.

숨을 들이마실 때 콧속으로 공기가 들어와 폐까지 도달하는 흐름을 집중해서 관찰한다. 숨을 내쉴 때도 폐로부터 입을 통해 퍼지는 숨의 흐름을 느껴보자.

가장 편안한 상태에서 당신의 호흡을 관찰한다. 특히 호흡과 호흡 사이에 주의를 기울인다. 숨을 잠시 멈추었을 때 마음에 벅차오르는 자유의 기쁨을 느껴보자.

가능하다면 10분 동안 호흡의 흐름을 관찰하고 조용히 앉아 차분해진 마음의 고요를 즐긴다.

명상에 대해 더 많은 정보를 알고 싶은 사람은
마음의 평화가 주는 선물 The Gift of Inner Peace
웹사이트:www.giftofpeace.org에서 찾아볼 수 있다.
watching the Breath(호흡 명상)에 관해 더 알고 싶다면 '명상
도전하기' (Try Meditation) 링크를 클릭해보라. 이 웹사이트는
사람들에게 명상 효과를 소개하기 위해 만들었다.

마음을 비추는 호수

한 현자가 제자들에게 강이나 호수를 보면 물속에 자신의 마음을 비추어 명상하기를 부탁했다. 현자는 물에 비친 자신의 모습에서 넓은 영혼을 발견할 수 있다고 말했다.

사람의 마음은 강의 수면처럼 항상 변화한다. 잔잔한 호수는 고요해 보이지만 바람에 떨어지는 나뭇잎이나 물고기의 작은 움직임에도 쉽게 출렁인다. 명상을 통해 우리 마음을 어지럽히는 외부의 혼란을 잠재울 수 있다. 깊은 명상은 마음을 단련시키고 어떤 상황에서도 차분함을 유지하게 한다. 바람과 나뭇잎, 물고기의 움직임이 수면을 출렁이게 해도 깊은 호수 속 물은 출렁이게 할 수 없는 것과 같다.

〈마음을 비추는 호수〉 엑서사이즈를 하려면 강, 호수, 웅덩이, 연못 등을 찾아 물가에 편안히 앉는다. 물의 깊이가 20cm 이상이면 충분하다. 적당한 장소를 발견했으면 주위에서 손바닥 크기만 한 돌 6개를 모아 옆에 두고 마음을 안정시키며 수면을 차분히 응시한다.

잔잔한 수면을 보면 당신의 마음도 차분해질 것이다. 바라보고 있는 수면과 지금, 이 순간에 집중하려고 노력한다. 당신 마음이 현재에 있지 않고 미래나 과거로 돌아가려 한다면 옆에 놓인 돌 하나를 살며시 집어 호수에 던지자. 돌을 던져 생긴 물결의 파장이 물 위로 퍼져나가며 출렁이는 모습을 관찰한다.

당신 마음이 출렁이는 수면과 같다면 더 이상 '고요'를 찾을 수 없다. '혼란'이 마음에 어떤 영향을 주는지 의식해보자. 시간이 흐르면 수면의 출렁임이 점점 사라지고 다시금 고요해지는 것을 느껴보자.

명상 도중 이런저런 생각이 떠오르는 것은 매우 자연스러운 현상이다. 떠오르는 생각들을 지나치게 의식하지 말고 흘러가는 물처럼 자연스럽게 놓아주자. 출렁이던 수면이 다시 고요해지는 것을 바라보며 마음에 떠오르던 생각들을 함께 놓아 마음의 안정을 되찾아보자. 그리고 마음에 찾아온 고요를 편안하고 기쁘게 맞이하면서 지금, 이 순간에 집중해보자.

당신이 모아둔 6개의 조약돌을 모두 던질 때까지 수면을 계속 바라본다. 마음의 평화를 얻기 위해서는 마음의 고요를 먼저 되찾아야 한다. 오직 고요한 수면만이 맑은 하늘을 완벽하게 투영할 수 있는 것처럼 마음의 고요를 통해서만 우리 내면에 숨겨진 영혼을 발견할 수 있다.

제 11 절

생명에게 주는 선물

자연에 숨겨진 조화와 사랑을 경험한 사람은 다른 사람에게 놀라운 영향을 끼친다. 존 뮤어는 자연보호 분야에 큰 영향력을 발휘한 사람이다. 그는 '자연과 떨어질 수 없는 일체감'을 통해 넘치는 기쁨을 얻은 경험을 바탕으로 평생 자연보호에 매진했다.

그가 자신이 마주한 야생 동물, 나무, 산속의 폭풍들에 관해 이야기하면 이를 듣는 많은 사람이 마치 그와 함께 경험한 것 같은 생생함을 느꼈다. 몇몇 사람은 그가 이끄는 자연보호 활동에 적극 동참하기도 했다. 존 뮤어는 자연을 향한 지극한 사랑으로 자연과 조화하고 교감하는 특별한 능력을 얻었다.

존 뮤어의 열정이 담긴 글들은 그가 이끄는 자연보호 운동의 가장 중요한 원동력이 되었다. 존 뮤어와 함께 세간에 널리 알려진 환경운동가 로버트 언더우드 존슨 Robert Underwood Johnson은 존 뮤어가 자연보호 운동에 끼친 영향력에 대해 "모든 횃불은 그로부터 타올랐다."라고 평가했다.

베트남 전쟁이 한창일 때, 세계 평화에 관심이 많았던 나는 캘리포니아 치코 주립대학의 국제관계학을 전공하는 대학생이었다. 나는 당시 많은 젊은이와 함께 베트남 전쟁을 반대했지만 얼마 지나지 않아 사회에 팽배한 개인주의와 국가 간 분

열이 세계 평화를 막는 영원한 걸림돌임을 깨닫고 좌절했다.

하루는 캠퍼스의 벤치에 앉아 비드웰 계곡을 바라보고 있었는데 문득 나의 마음속에 큰 기쁨과 고요가 샘솟았다. 계곡 주위에 빼곡한 나무들은 풍요로웠고 하늘은 맑고 선명했다.

이 광경을 바라보는 몇 시간 동안 내 마음은 평화에 휩싸였다. 나는 이것이 '진정한 평화'라고 생각했다. 다른 사람도 자연과 교감할 수 있도록 도우면 내가 느낀 경험들을 나눌 수 있다는 것도 알게 되었다. 그런 이유로 나는 '자연 인식 Nature Awareness'이라는 특별한 전공을 처음 만들었고, 평생에 걸쳐 자연을 사랑하고 자연과 교감하는 방법을 연구하기 시작했다.

어떤 생각을 하며 사는가는 우리 인생에 많은 영향을 끼친다. 만약 맑고 활기찬 영혼을 가졌다면 삶은 긍정의 힘으로 가득하겠지만 우울하고 활기 잃은 영혼을 가졌다면 자기중심적이고 부정적인 영향이 삶을 지배할 것이다.

만약 자신의 의식을 더 높이 수양하지 않은 채 단지 말로만 설명하고 사람들이 그것을 이해하기를 바란다면 결코 사람들의 행동을 바꿀 수 없을 것이다. 만약 당신이 원하는 방향으로 다른 사람을 움직이고 싶다면 반드시 그 사람의 의식을 깨우기 위해 노력해야 한다.

새로운 진리나 심오한 진실을 받아들이는 것은 진정한 마음에 달렸다. 만약 다른 사람들의 의식을 높이고자 한다면 먼저 그들을 감동시켜야 한다. 사람은 마음을 먹어야 계획을 세운다. 이 계획이 사람을 행동하고 결정하도록 이끌기 때문이다.

감정은 삶의 태도에 반응한다. 차분한 감정은 선명하게 비추는 거울처럼 삶의 모든 것을 수용한다.

평정(平靜)으로 세상을 위해 살자

인생은 필연적 고통을 동반한다. 주위를 둘러보면 고통을 겪는 이웃을 쉽게 찾을 수 있다. 어떤 사람은 이웃의 고통을 바라보며 그들을 도울 수 없는 자신의 처지 때문에 무기력함에 빠지고 자책하기도 한다. 하지만 내 친구 우르술라처럼 극단적인 생각을 해본 사람은 아마 드물 것이다.

1990년에 우르술라로부터 한 통의 편지를 받았다. 자신을 독일에서 활동하는 27세의 환경운동가이자 환경보호 교육자라고 소개한 그녀는 지구상에서 일어나는 수많은 자연 파괴에 대해 강도 높은 비판을 쏟아냈다. 그녀는 환경보호 운동을 통해 사람들의 인식을 바꾸어보려고 수년간 노력했지만 결국 실패했다고 토로했다. 이제 그녀에게 남은 것은 감옥에 가거나 죽는 것뿐이라며 최후의 보루로 자신과 뜻을 같이하는 동료들이 폭력성을 가져야만 한다고 이야기했다. 그러면서 내게 미국내 무정부주의자 그룹에 대한 정보를 알려달라고 부탁했다.

나는 우르술라에게 인생의 긍정적인 면을 받아들이라는 교훈이 담긴 답장을 보냈다. 하지만 그녀에게선 답장이 오지 않왔다.

그런데 5년이 지난 후, 문득 그녀의 안부가 궁금하던 차에 그녀의 답장이 도착했다. 그녀는 편지에 이렇게 적었다.

"당신의 편지가 도착했을 즈음 저는 동료들과 함께 자동차 수리 공장을 폭파할 계획을 세우고 있었습니다. 당신이 제 편지에 응답하지 않았더라면 아마 저와 제 동료들은 지금 감옥에서 시간을 보내고 있겠죠. 지난 5년 동안 당신의 편지를 소중히 보관해왔습니다. 동료들과 함께 당신의 편지에 담긴 긍정의 메시지를 주제로 토론했고, 우리 중 많은 사람이 당신 뜻에 공감했습니다."

우르술라의 부정적 견해를 긍정으로 변화시킨 편지의 내용은 다음과 같다.

다른 사람의 행동이 당신의 마음을 불편하게 만드는 것을 그저 방관하고 있다면 그것은 자기가 가진 능력을 스스로 포기하는 것과 같습니다. 그리고 얼마 가지 않아 당신은 사람들의 잘못된 행동에서 큰 실망을 느끼게 될 것입니다. 후회와 실망이 기다리고 있다는 것을 알면서도 다른 사람의 행동이 당신이 이루고자 하는 것을 방해하도록 내버려두어야 할까요?

많은 사람이 세상이 자기 뜻대로 돌아가지 않으면 환멸을 느끼곤 합니다. 하지만 살면서 자기 뜻대로 할 수 있는 것은 바로 '자신뿐' 이라는 사실을 깨우쳐야 합니다. 진정으로 변화시켜야 할 대상은 다른 누구도 아닌 바로 자신입니다. 다른 사람에게 기대하는 모습으로 자신을 변화시킨다면 당신은 분명히 다른 사람도 변화시킬 수 있을 것입니다. 승려인 다나카 쇼조는 이렇게 말했습니다. "과거의 나는 나를 살피기보다 타인을 먼저 관찰했다. 내 모습을 보지 못했기에 타인을 진정으로 이해할 수 없었다."

언제나 긍정적인 에너지와 사랑이 가득한 상태를 유지하려면 자신의 내면 깊은 곳에서 울리는 소리에 귀 기울이고 마음의 소리에 따라 행동해야 한다.

한 기자가 테레사 수녀에게 "당신의 노력이 아무 소용없다고 느낄 때는 없었나요? 당신은 50억 인구 가운데 아주 극소수만을 도와줄 수 있잖아요."라고 물은 적이 있다. 이에 테레사 수녀는 "하나님은 저에게 세상에 나가 성공하라고 말씀하지 않으셨습니다. 다만 신실한 믿음을 가지라고 말씀하셨을 뿐입니다."라고 답했다. 테레사 수녀가 보여준 확고한 믿음이 너무나 아름다웠기에 수많은 사람이 그녀를 따라 행동하게 된 것이다.

스스로 자신을 혹사하지 않으면서 삶의 균형을 유지하는 가장 이상적인 방법은 결과에 연연하지 않고 꿈을 이루기 위해 자신의 에너지를 집중하는 것이다. 우리는 오직 자신이 가진 것만 활용할 수 있을 뿐 그 대가로 얻어지는 결과에는 어떠한 것도 할 수 없다.

만약 당신이 생각하는 성공이 다른 사람의 판단에 좌우된다면 그것은 이미 당신의 것이 아니다. 타인에 대한 의존으로부터 자유로운 사람은 참을성이 많고 남을 사랑하는 마음을 가지고 있다. 왜냐하면 외부 영향에 쉽게 사그라지지 않는 열정이 끊임없이 타오르고 있기 때문이다.

수십 년 동안 간디를 비롯한 인도의 많은 지도자가 인도를 영국의 점령에서 되찾기 위해 노력했다. 한 뉴스 리포터가 매일 15시간씩, 휴식 없이 노동하는 간디에게 물었다.

"도대체 언제 쉬십니까?" 간디는 웃으며 대답했다.
"난 항상 쉬고 있습니다."

간디는 언제나 마음의 소리에 따라 행동했다. 온갖 어려움과 고난이 다가왔지만 내면에서 울리는 소리는 그를 더욱 강하게 만들었다.

삶의 가장 숭고한 가치들을 위해 행동할 때 많은 사람이 당신의 행동에 매료될 것이다. 지금, 이 순간 내면에서 울리는 소리에 귀 기울이려고 노력하라.

내면의 소리가 울림을 멈추는 순간 플러그가 빠진 스팀다리미로 다림질하는 것과 같이 당신의 모든 노력은 물거품이 될 것이다.

친구와 체험을
나누기 위한
엑서사이즈

PART 2

제 1 절

친구와 나누자

"기쁨은 나누면 두 배가 된다."

-괴테 Goethe

순수하고 아름다운 자연에서 감동과 영감을 얻을 때 우리
는 자연스레 그 느낌을 다른 사람들과 나누고자 한다.
이 책에 소개한 엑서사이즈를 사랑하는 친구, 가족과 함께
하는 모습을 바라보면 자연 안내인으로서 큰 보람을 느낀다.

이 책의 엑서사이즈는 구성이 간단해 누구나 쉽게 따라 할
수 있다. 이미 전 세계의 많은 사람이 이 책에 소개한 엑서사이
즈를 성공적으로 활용해왔기 때문에 약간만 연습한다면 당신
도 함께 참여할 수 있다. 이 엑서사이즈를 다른 사람과 하기 전
에 스스로 체험하고 연습해보자. 이러한 경험은 자신에게 확
신과 자신감을 줘 다른 사람들과 엑서사이즈를 할 때 큰 도움
이 된다. 또한 모둠을 이뤄 엑서사이즈를 진행하는 게 처음이
라면 셰어링네이처의 가치를 올바르게 이해하는 사람들과 함
께하길 권한다.

〈산림욕〉, 〈행복한 산책〉, 〈호흡 관찰 명상〉, 〈카메라 게임〉,
〈아름다운 오솔길〉(마지막 2가지 활동은 2장에서 소개한다)
등은 자연 집중 수업을 위해 고안한 탁월한 활동들이다.

다음에 소개할 엑서사이즈는 참가자가 자연에 몰두해 자연과의 깊은 교감을 더욱 효과적으로 끌어낼 수 있도록 순서대로 나열했다. 하지만 사정에 따라 순서를 자유롭게 바꾸어 시도해도 좋다.

자연을 함께 나누는 엑서사이즈

* 〈카메라 게임〉
* 〈나는 산이다 〉
* 〈산림욕〉
* 〈버티컬 포엠〉
* 〈자연과 나〉 또는 〈호흡 관찰 명상〉
* 〈아름다운 오솔길〉 또는 〈나를 품은 하늘과 땅〉
* 〈하늘을 나는 새〉

효과적인 야외 활동을 위해 『셰어링네이처 (Sharing Nature; Nature Awareness Activities for All Age)』에 수록된 엑서사이즈를 함께 사용할 수 있다. 소규모 모둠(5명 내외)보다 큰 모둠으로 활동하고자 한다면 제3장의 '플로러닝TM'을 참고한다. 플로러닝은 한층 더 고양된 자연 체험을 끌어내기 위해 만든 야외 교육법이다.

카메라 게임

> "사진사의 감광판에 담긴 자연의 모습을 보라.
> 일찍이 그 어떤 인위적이고 화학적인 결합이
> 인간의 영혼에 감동을 준 적은 없다."
> -존 뮤어

〈카메라 게임〉은 이 책에 소개한 활동 중 참가자에게 깊은 인상을 남기는 가장 효과적인 활동이다. 이 엑서사이즈는 끊임없이 일어나는 마음의 잡념을 조용히 잠재우고 자연을 보다 자세하게 관찰할 수 있도록 돕는다.

〈카메라 게임〉은 2명이 짝을 이루어 한 명은 사진사, 다른 한 명은 카메라로 활동한다.

사진사는 눈을 감고 있는 자신의 카메라를 아름다운 풍경이나 흥미로운 장소로 안내한다. 그곳에서 사진사는 자신이 바라본 아름다움을 담기 위해 카메라의 초점을 맞추듯 카메라의 자세를 조정한다.

그리고 카메라의 위치와 자세 교정이 끝나면 사진사는 카메라 역할을 맡은 짝의 어깨를 두 번 살짝 두드려 카메라의 셔터,

즉 눈을 뜨라는 신호를 보낸다. 3초 정도 자연물을 보여준 후 다시 어깨를 두드리면 카메라 역할을 맡은 짝은 눈을 감는다. 어깨를 두드리는 신호가 익숙지 않다면 "눈을 뜨세요.", "눈을 감아요."라고 말해도 좋다.

3초간의 '짧은 노출'이 남긴 강렬한 인상을 유지하기 위해 카메라 역할을 맡은 사람은 이동할 때 꼭 눈을 감는다. 그리고 서로의 역할에 집중할 수 있도록 엑서사이즈를 하는 동안에는 침묵을 유지한다.

〈카메라 게임〉을 체험한 참가자들은 이 엑서사이즈를 통해 바라본 자연의 인상이 강렬해 기억에 오래 남을 것이라고 이야기한다. 〈카메라 게임〉은 참가자의 시각을 자극해 강렬한 인상을 남기고 눈을 감고 침묵하며 이동하는 동안 나머지 감각이 극대화되는 것을 체험하게 한다.

4~6장의 사진을 찍은 뒤 사진사와 카메라의 역할을 바꾼다.

이 엑서사이즈를 하면 사진사와 카메라로 짝을 이룬 참가자들 사이에 아름답고 친밀한 관계가 형성된다. 이러한 친밀감은 더욱 강력한 체험 효과를 발휘한다. 할아버지와 손자 등 다양하게 짝을 이루어 자연 속 아름다운 장소로 안내해보자. 그곳에서 함께 즐거워하며 기쁨을 만끽하자.

혼자 하는 〈카메라 게임〉은 자연 인식 강화에 탁월한 효과를 발휘한다. 숲속 산책로에 장애물이 없어 눈을 감고 이동하기 적합한 장소를 찾아보자. 눈을 감고 혼자 걸을 때는 등산용 지팡이나 막대기를 휴대해 안전에 대비하고 커다란 바위나 산등성이의 나무처럼 흥미로운 장소로 갈 때는 안전한 경로를 선택한다.

눈을 감고 길을 걸으면서 몸에 닿는 태양의 따스함과 바람을 느껴보자. 또한 가까이 들리는 곤충의 울음소리와 날갯짓 소리에 귀 기울이고, 울퉁불퉁한 땅을 걸을 때 몸의 근육이 어떻게 움직이는지 관찰하자.

걷는 도중에 당신의 호기심을 끄는 것이 있다면 그 자리에 멈춰 눈을 뜨고 사진을 찍는다. 3초 동안 호기심의 대상에 주의를 집중한다. 눈을 뜨고 있는 시간이 길어지면 마음의 집중이 흐트러질 수 있다.

사진을 찍고 난 뒤에는 다시 눈을 감고 걷기를 계속한다. 길이 울퉁불퉁하거나 장애물이 많다면 위험한 것이 있는지 살피기 위해 눈을 살짝 뜨고 걸어도 좋다.

EXERCISE

카메라 게임

1. 사진사 역할을 맡은 사람은 카메라 역할을 맡은 짝의 손을 잡거나 어깨 위에 손을 올린 채 자신이 발견한 아름다운 장소로 안내한다. 카메라 역할을 맡은 사람은 눈을 감고 이동하기 때문에 돌이나 나무뿌리 등을 주의하면서 천천히 걷는다.

2. 다양한 각도와 위치를 활용해 멋진 사진을 찍는다. 사진사와 카메라, 두 사람 모두 나무 아래 누워 하늘을 찍거나 사진사가 카메라 역할을 맡은 짝의 얼굴을 나무껍질이나 꽃 가까이 대고 근접 촬영을 하는 것도 좋다.

3. 사진사는 어떤 렌즈를 사용해 다음 사진을 찍을지를 카메라 역할을 맡은 사람에게 미리 설명해서 준비할 수

있게한다. 꽃사진을 찍으려면 근접 렌즈, 넓은 파노라마 사진을 찍으려면 광각 렌즈, 먼 곳의 물체를 찍으려면 망원 렌즈를 선택하겠다고 말한다. 이런 특별한 지시는 카메라 역할을 맡은 짝이 눈을 떴을 때 사진사가 선택한 대상에 집중할 수 있도록 돕는다.

4. 사진사는 영화를 촬영하듯 카메라를 좌우로 돌리면서 찍을 수 있다. 영화를 찍는 카메라처럼 셔터를 누른 상태에서 천천히 움직인다. 카메라를 좌우로 돌릴 때는 3초 넘게 눈을 뜨고 있어도 좋다. 또한 카메라를 아래위로 움직이며 촬영할 수도 있다. 예를 들어 나무뿌리에서 줄기를 따라 올라가 가장 높은가지까지 촬영하는 것이다.

5. 두 사람이 역할을 바꾸어 〈카메라 게임〉을 진행한다. 엑서사이즈를 마친 후에는 각자 카메라 역할을 맡았을 때 가장 인상 깊었던 사진을 종이에 그려 서로에게 선물한다.

침묵을 나누는 산책

〈침묵을 나누는 산책〉은 차분하게 아름다운 자연을 산책하며 진행하는 엑서사이즈다. 참가자는 2~3명씩 짝을 이뤄 침묵 속에서 천천히 발걸음을 옮기면서 자연을 감상한다. 참가자들은 이 엑서사이즈를 하는 동안 자신과 자연의 조화를 체험하고 자연 만물에 마음의 문을 활짝 열게 된다.

어느 날 땅거미가 질 무렵, 캘리포니아 남부에 있는 숲에서 12세 소년들과 〈침묵을 나누는 산책〉을 하면서 놀라운 경험을 했다. 어둠이 찾아온 숲은 깊은 고요로 적막하고 곤충과 새들의 울음소리만 들려왔다. 우리는 광활한 모하비 사막을 바라보면서 산을 천천히 걸어 내려가고 있었는데 앞서가던 한 소년이 옆 아이의 어깨를 치며 어둠 속의 무언가를 가리켰다.

소년이 가리킨 것은 멀리서 풀을 뜯고 있는 암사슴이었다. 우리가 암사슴과 10m쯤 떨어진 거리에 도착했을 때, 암사슴은 고개를 들고 숨죽인 채 자기를 바라보는 우리를 응시했다. 어둠 속에서 암사슴의 빛나는 두 눈과 마주친 우리는 암사슴의 순수하고 두려움 없는 눈길에 크게 감동했고 숲의 부드러운 본성에 완전히 녹아 들어가는 것을 느꼈다.

다시 길을 떠난 지 얼마 되지 않아 이번에는 어슬렁거리며 다가오는 코요테 세 마리와 마주쳤다. 코요테들은 호기심 많은 강아지처럼 우리에게 아주 가까이 다가오더니 침묵의 숲에 찾아온 이가 누군지 알고 싶은 듯 머리를 갸우뚱거리며 짖어댔다.

〈침묵을 나누는 산책〉 엑서사이즈를 진행하는 동안 마주친 동물들은 자연과의 조화를 원하는 우리의 평온함을 느꼈고 우리 또한 자연과 하나 되어 자신의 생명을 모든 만물과 나누었음을 느꼈다.

참가자는 짧은 시간 동안 〈침묵을 나누는 산책〉 엑서사이즈를 해보는 것만으로도 사랑이 가득하고 신비로운 자연의 세계로 입문할 수 있다.

침묵을 나누는 산책

〈침묵을 나누는 산책〉 엑서사이즈는 2~3명이 짝을 이뤄 진행하기에 적당하다. 만약 참가자 수가 많다면 2~3명씩 여러 모둠을 구성하자.

산책을 시작하기에 앞서 참가자들에게 엑서사이즈를 할 때는 침묵하라고 주의를 준다. 길을 걷다가 눈에 띄는 대상을 발견하면 짝을 이룬 참가자의 어깨를 가볍게 두드리고 관심 대상을 손가락으로 가리키며 침묵 속에서 기쁨을 나누자.

아름다운 풍경을 볼 수 있고 이리저리 움직일 수 있는 넓은 장소나 산책로로 향한다. 〈침묵을 나누는 산책〉은 침묵하며 천천히 이동하기 때문에 이동 거리가 멀면 참가자들이 쉽게 지루해할 수 있으니 이 점을 주의하자. 만약 참가자 수가 많아 여러 모둠으로 활동한다면 끝날 때 함께 모일 장소와 시간을 미리 정한다.

〈침묵을 나누는 산책〉은 고요 속에서 자연을 충분히 체험하기 때문에 참가자가 자연과 아름다운 유대감을 갖도록 돕는다. 숲을 조용히 거닐면서 새 둥지나 놀라운 자연을 발견할 때 사랑과 호기심이 가득한 아이들의 순수한 모습을 되찾게 될 것이다.

아름다운 오솔길

"아름다움에 마음을 몰두하는 시간이
우리가 진실로 살아 있는 유일한 시간이다."

-리처드 제프리스

명상 산책인 〈아름다운 오솔길〉은 이 책에 소개한 것 중에서 가장 재미있고 쉽게 할 수 있는 엑서사이즈다. 명언을 읽으면서 아름다운 오솔길을 걸을 때 참가자는 자연과 교감하고 더욱 깊은 관계를 형성하게 된다.

〈아름다운 오솔길〉 엑서사이즈를 하기에 앞서 나는 참가자들에게 다음과 같이 말한다. "명언을 읽고 산책하면서 자연의 아름다움이 선사하는 영감을 느끼세요. 이 엑서사이즈를 통해 우리 모두가 자연과 교감하고 서로의 일부임을 깨닫게 될 것입니다. 이 활동의 목표는 스스로 자연을 경험하는 것입니다."

이 명상 산책은 사람들에게 새로운 시각으로 자연을 바라보게 한다. 스코틀랜드의 하이랜드에서 자연 센터 담당자 그룹과 함께 〈아름다운 오솔길〉 엑서사이즈를 진행한 적이 있다. 이 활동 후 한 자연 센터 소장은 "20여 년 동안 이 길을 걸었지만 오늘에서야 비로소 '보였다'."는 소감을 발표했다.

1991년 베를린 장벽이 무너졌을 때 나는 동독 지역에서 셰어링네이처 워크숍을 진행했다. 2012년에 시카고 대학에서 조사한 연구 결과에 따르면 그 당시 동독 지역 거주자의 72%가 신의 존재를 믿지 않는 '무신론자'였다고 한다. 나는 동독 지역 워크숍 참가자들에게 〈아름다운 오솔길〉을 진행하면서 읽게 될 존 뮤어의 명언 하나를 소개했다.

> "오! 광활함과 고요함, 측량할 수 없는 무한한 자연의 나날들.
> 온 세상에 가득 찬 신성한 빛이 만물을 비추고,
> 신의 모습이 비치는 창문이 우리에게 활짝 열려 있네."
>
> 　　　　　　　　　　　　　　　　　　　　　　　-존 뮤어

　워크숍 참가자들은 명언을 읽으며 아름다운 자연을 산책하기 시작했다. 엑서사이즈가 끝난 뒤 그들은 통역사를 통해 "모든 생명에 두루 퍼져 있는 영적 존재를 생애 처음 느꼈습니다."라고 내게 말했다.

　헨리 데이비드 소로, 노자, 헬렌 켈러, 리처드 제프리스 같은 선각자들이 어떻게 자연을 경험했는지를 아는 것은 우리가 자연에서 한층 더 깊은 경험을 하는 데 큰 도움을 준다.

　〈아름다운 오솔길〉은 친구와 쉽게 할 수 있는 엑서사이즈다. 넓은 곳이 아니어도 좋다. 오솔길이나 산책로를 찾아가 A4 크기의 종이에 명언을 하나씩 적는다. 그리고 각각의 명언이 적힌 종이를 명언과 어울리는 장소에 하나씩 설치한다.

　〈최고의 장소를 찾아라〉는 〈아름다운 오솔길〉에서 파생된 엑서사이즈로 아이들이 매우 좋아하는 활동이다. 〈최고의 장소

를 찾아라)는 아이들에게 명언을 읽고 떠오르는 장소를 그림으로 그리게 한 다음, 그림과 어울리는 장소를 찾게 한다. 존 뮤어의 명언처럼 이해하기 쉬운 명언을 활용해 아이들이 직접 〈아름다운 오솔길〉을 만들게 해보자.

"모든 나무를 친구로 둔 사람은 행복하다."

-존 뮤어

EXERCISE

13

아름다운 오솔길

「Sky and Earth Touched Me」(www.sky-earth.org)에 수록된 12가지 명언을 활용해도 좋다. 명언 카드를 비닐로 코팅해서 집게로 고정하면 비가 오거나 바람이 부는 날도 〈아름다운 오솔길〉 엑서사이즈를 진행할 수 있다.

모둠 활동을 위한 〈아름다운 오솔길〉

이 엑서사이즈는 많은 참가자와 진행하기에 적합하다. 오솔길을 걷는 시간과 거리를 예상하여 다음 참가자가 도착하기 전에 명언의 의미를 충분히 음미할 수 있도록 참가자 사이에 넉넉한 간격을 유지한다. 오솔길은 100~150m 길이가 적당하며 좋은 장소 12군데를 찾아 명언 카드를 설치하면 된다.

출발 지점에 모든 참가자가 모이면 자연에서 혼자만의 시간을 가질 수 있도록 시간 간격을 두고 한 사람씩 조용히 걸어가게 한다. 느리게 걷거나 명언을 음미하는 데 많은 시간이 필요한 사람이 있다면 뒤따르는 참가자가 추월해도 된다.

인원이 많아 모둠으로 움직인다면 모둠 사이에 15초 정도의 간격을 두고 모둠 전원의 걷는 속도와 음미하는 시간에 주의하며 진행한다. 하나의 명언 카드 앞에 몇 사람이 있어도 괜찮지만 한 곳에서 너무 오랜 시간을 보내는 참가자가 없도록 주의하자.

참가자에게 〈아름다운 오솔길〉 진행과 관련된 설명을 끝낸 다음에는 맨 마지막에 출발할 참가자를 정하자. 이 사람은 출발 지점에서 시간 간격에 맞추어 참가자들을 출발시키고 자신이 마지막으로 뒤따라가면서 명언 카드와 집게를 모아온다.

〈아름다운 오솔길〉을 이끄는 진행자는 제일 먼저 걸어가면서 미처 설치하지 못한 카드를 설치하고 오솔길이 끝나는 지점에서 뒤따라오는 참가자들이 도착할 때까지 기다린다.

도착한 참가자들은 다른 사람들이 도착하길 기다리는 동안 명언을 되새기며 자연에서 받은 영감을 표현해보자.

COLUMN

나만의 명언을 적어보자

존 뮤어는 자연과 교감하며 완벽한 일체감을 경험했다. 그는 다양한 새들의 모습과 지저귐, 자연경관의 멋진 비율과 대칭, 꽃잎의 아름답고 신비로운 색을 바라보며 자연의 신성함을 느끼고 위대한 영감을 얻었다. 자연에 있을 때 당신은 무엇을 느끼는가? 당신이 경험한 자연은 어떤 단어로 표현할 수 있나?

"자연에서 보내는 고요한 시간이 왜 소중한가?"에 대해 간결하지만 강렬하게 당신의 명언으로 표현해보자.

내가 만든 자연 명언 / My Nature Quotation

나만의 장소

셰어링네이처 워크숍에 참여한 헬렌은 케냐에서 새들을 관찰하며 겪은 이야기를 내게 들려줬다. 그녀와 친구들은 새를 관찰하기 위해 케냐의 산을 등산하던 중 5명의 마사이족과 마주쳤다. 헬렌은 그들에게 새들이 어디에 서식하는지 아느냐고 물었다. 하지만 마사이족은 그녀의 말을 전혀 알아듣지 못했다.

헬렌은 가방에서 조류 도감을 꺼내 그녀가 관찰하고자 하는 새의 사진을 가리켰다. 그러자 마사이족은 미소를 지으며 팔을 활짝 벌리고 새 흉내를 낸 후 새들의 서식지를 가리켰다. 그녀와 친구들은 마사이족이 너무도 정교하게 새 흉내를 내는 모습을 보고 큰 전율을 느꼈다. 그녀가 도감을 뒤져 더 많은 새를 가리키자 마사이족은 새들의 특이한 행동을 하나씩 흉내 내며 서식지의 방향을 가리켰다. 비록 짧은 만남이었지만 헬렌 일행은 마사이족이 보여준 지식에 감탄했다.

헬렌이 도감을 덮자 갑자기 마사이족은 헬렌과 친구들에게 도감에서 찾아 맞춰보라는 듯 새 모습을 흉내 내기 시작했다. 이번에는 헬렌과 친구들이 아프리카 새에 관한 지식이 얼마나 있는지 보여야 할 차례였다. 헬렌 일행은 도감을 뒤져 마사이족이 흉내 내는 새를 찾으려고 진땀을 흘렸다. 이윽고 도감에 실린 사진을 보여주자 5명의 마사이족은 미소 띤 얼굴로 헬렌이 추측한 새가 맞다고 표시했다.

자연에 대한 원주민의 지식은 그들이 자연과 가까이 살면서 자연스럽게 얻은 것이다. 〈나만의 장소〉 엑서사이즈는 자연과 가장 가깝게 살아온 원주민이 그들의 땅에 귀 기울여 대지의 소리를 듣듯이 우리 자신이 발견한 자연 속 '나만의' 장소에서 자연과의 깊은 교감에 몰두하게 한다.

EXERCISE

14

나만의 장소

자신이 특별히 좋아하는 자연 속 장소로 가서 약 25분간 머무르며 주위에 무엇이 있는지 관찰하고 이름을 지어보자. 자신만의 장소 이름을 조그마한 메모지에 옮겨 적은 뒤 당신이 찾은 자연 속 '나만의 장소'로 짝을 초대하자.

초 대 합 니 다

나만의 장소 이름 / 키 다 리 나 무 숲

초 대 자 : 조 셉

초대한 사람에게 자신만의 장소를 소개하고 그곳을 관찰하며 느낀 점을 함께 나누어보자. 이 활동은 초대받은 사람의 흥미를 일으키는 데 효과적이며 서로 더욱 깊은 유대 관계를 맺도록 도와준다.

들판이나 언덕 등 다양한 자연환경이 있는 곳으로 참가자를 인도하자. 참가자에게 안내서와 필기도구, 초대장을 나누어준다. 그리고 '나만의 장소'를 찾기 전에 이 활동을 마친 뒤 다시 모일 장소와 시간을 정하고 흩어진다. 만약 아이들과 함께한다면 시야가 탁 트인 장소에서 진행하며 안전에 유의한다. 정해진 시간이 되면 참가자들을 다시 불러 모은다.

〈나만의 장소〉 공유하기

참가자는 '나만의 장소' 초대장을 작성한다. 작성이 완료되면 참가자 절반의 초대장을 작은 가방이나 모자를 활용한 주머니에 넣는다. 자기 초대장을 갖고 있는 나머지 절반의 참가자는 주머니 속의 초대장을 한 장 뽑고, 그 초대장 주인에게 자기의 초대장을 주며 두 사람이 짝을 이룬다. 예를 들어 요한이가 유진이의 초대장을 뽑았다면 둘이서 짝이 되어 초대장을 교환하면 된다. 15~20분 동안 서로 자기만의 특별한 장소로 안내하고 방문한다.

활동이 끝나면 한 곳에 모여 짝이 안내한 '나만의 장소'의 이름과 간단한 스케치를 소개하고, 그곳에서의 영감을 시로 써서 느낌을 나눠보자.

나만의 장소〉가이드북

자연 속 '나만의 장소'에서 느낀 설렘과 기쁨을 나눠보자.

- 첫인상
  자기 마음에 끌리는 특별한 장소를 찾아보자. 장소를 찾았다면 그곳에 편히 앉아 '이곳을 선택한 이유가 무엇인지' 답해보자. 그리고 주위를 둘러보며 무엇이 있는지 세밀히 관찰하자.
  1. 이 장소를 본 '첫인상'은 어땠나?
  2. 가장 마음에 든 것은 무엇인가?

- 무엇이 들리나?
  자연의 연주에 귀 기울여보라. 멀리서 들려오는 소리부터 점점 가까이에서 들리는 소리로 주의를 집중하라.
  바람에 흔들리는 나뭇잎의 노랫소리가 들리는가?
  자연의 소리가 만든 선율로 노래를 만들어 작은 소리로 불러보자.

- 초대장
  '나만의 장소'에 이름을 붙인다.

  '나만의 장소' 이름은 ....

  초대장에 '나만의 장소' 이름과 당신의 이름을 적는다.
  당신을 나만의 장소(예: 푸른 잎 아래, 봄이 왔네, 인생은 아름다워)로 초대합니다.
  안내자: 이름 혹은 별명을 적는다.(예: 느티나무, 뭉게구름)

- '나만의 장소'에서 버티컬 포엠 쓰기
  '나만의 장소'에 머무를 때 얻은 영감과 경험을 시로 표현해
  보자.

- '나만의 장소'에서 스케치하기
  '나만의 장소'에서 가장 좋았던 광경을 그려보자.
  자신을 초대한 짝에게 당신의 스케치를 보여주고 어느 곳
  인지 찾아보게 한다.

- 더 많은 활동
  이 책에 소개한 다른 엑서사이즈를 '나만의 장소'에서 진
  행해도 좋다. 특히 〈호흡 관찰 명상〉, 〈자연과 나〉, 〈감각
  의 확장〉, 〈나를 품은 하늘과 땅〉, 〈산림욕〉 엑서사이즈
  등을 추천한다.

버티컬 포엠

〈버티컬 포엠〉은 자신이 받은 영감을 표현하고 나눔으로써 참가자 간의 놀라운 연대감을 만드는 활동이다. 꽃이 핀 들판이나 호젓한 해안가 등 자신의 눈을 사로잡은 장소를 찾는다. 흡족한 장소를 발견했다면 앉아서 그곳을 바라보며 마음속에 떠오르는 단어 하나를 적고 그 단어를 활용해 자신만의 시를 써보자.

〈버티컬 포엠〉은 자신의 영감과 관련된 '단어'를 활용하기 때문에 누구나 쉽게 시를 쓸 수 있다. 시어 연결만으로 아름다운 시를 완성한 한 참가자는 "40년 만에 시를 써봤습니다!"라며 흥분을 감추지 못했다.

대만에서 80명의 참가자와 워크숍을 진행했을 때의 일이다. 우리는 산속의 좁은 산책로를 따라 멀리 물이 쏟아져 내리는 계곡을 찾아갔다. 계곡 근처에 이르니 산책로가 너무 좁아져 모든 참가자가 한 곳에 모일 수는 없었지만 〈버티컬 포엠〉 활동에는 알맞은 장소였다. 우리는 그곳에 서서 계곡물 소리와 협곡의 경관을 바라보며 시를 써내려갔다. 그리고 되돌아와서 자신의 시를 참가자들에게 읽어주며 각자가 느낀 자연의 영감과 경험을 나누었다.

〈버티컬 포엠〉은 마음을 차분하게 만들어 지금, 이 순간과 주위 환경에 깊이 몰두하게 한다.

버티컬 포엠

먼저 당신에게 영감을 주는 단어를 한 줄에 한 자씩 써보자. 그 단어를 머리말로 사용해 멋진 문장을 만들어보자. 시가 완성되면 짝에게 자신의 시를 읽어주자.

다음은 북부 캘리포니아 숲에서 FOREST로 만든 시의 한 예다.

Fragrances of Oak and pine
   참나무와 소나무의 향기로운 냄새
Open up the heart and mind
   우리 마음과 정신을 활짝 열고
Remain still awhile and listen
   귀 기울인 채 고요히 있으면
Everywhere is Nature's song
   사방이 자연의 노래로 가득하다
Sometimes as silent as a leaf falling
   가끔 떨어지는 나뭇잎 소리가 들릴 만큼 고요하니
Time is suspended
   시간이 멈춘 것 같다

-톰 Tom W.

Vertical Poem

제 7 절

하늘을 나는 새

〈하늘을 나는 새〉는 모든 생명과 참가자가 한마음이 된 것을 기뻐하고 축하하는 엑서사이즈다. 특별히 '하늘을 나는 새' 노래를 야외 활동을 마무리할 때 활용하면 더욱 깊은 감동을 줄 수 있다. 이 노래는 누구나 따라 부르기 쉽게, 간결하게 작곡되었다. 아름다운 선율과 리듬을 따라 노래를 부르며 간단한 율동을 함께하길 바란다.

대만의 타이베이 시청에서 400명의 셰어링네이처 참가자와 〈하늘을 나는 새〉 엑서사이즈를 할 때였다. 노랫말에 따라 율동을 연습하는데 참가자들이 마치 태극권을 하듯 부드럽게 아름다운 흐름을 이어가는 모습에 나는 매우 크게 감동했다.

이 엑서사이즈는 온 세상을 향한 사랑을 인지하고 의식의 지평을 넓혀 인간과 온 만물이 함께 살아가는 지구를 관심과 보호의 대상으로 여기도록 고취한다. 자연이 베푸는 모든 것에 대해 고마운 마음을 갖게 한다. 야외에서 '하늘을 나는 새' 노래를 부르며 자연의 생명을 관찰하면 그들이 가까이 다가와 우리가 느끼는 기쁨과 즐거움을 함께 나누고 있음을 깨달을 수 있다.

이 엑서사이즈를 진행할 때는 참가자의 마음을 고취할 수 있는 아름다운 야외 장소를 찾아가자. 그리고 참가자가 반원 모양으로 서서 주위의 자연경관을 바라볼 수 있게 한다. 진행자는 모든 참가자가 바라볼 수 있도록 참가자들 앞에 서서 율동과 함께 가사를 천천히 말해준다. 한 행씩 노랫말을 읽으며 가사의 의미를 음미하고 솟아나는 기쁨과 행복을 점점 넓혀 주위 생명들도 기쁨과 행복으로 물들이자. 예를 들어 "나무는 나의 친구"라고 말할 때는 나무의 친근함을 느껴본다.

'하늘을 나는 새'의 율동을 함께하면 모두의 마음에 기쁨과 행복이 가득 찬다.

EXERCISE

16

하늘을 나는 새

하늘의 새는 내 형제
온갖 꽃은 내 자매
나무는 내 친구

이 세상 모든 생명
높은 산들
흐르는 강들
나의 소중한 친구들이여

이 푸른 대지는 우리의 어머니이고
저 하늘 너머에는 사랑의 정령이 숨어 있으니

나는 여기 있는 모두와 삶을 나누고
모두에게 내 사랑을 주리
모두에게 내 사랑을 주리

THE BIRDS OF THE AIR
words by Joseph Cornell
music by Michael Starner-Simpson

The birds of the air are my bro - thers,   All   flow-ers my sis-ters, the

trees are my friends.   All liv-ing crea- tures, mountains and streams,

I take un - to my   care.   For this green earth is our   mo - ther,

hid-den in the sky is the   spi - rit a - bove.

I share one life wi - ith all who are here; to ev-ry- one I give my

love,   to ev - ry - one I   give my   love.

■■ 하늘을 나는 새

The birds of the air are my brothers, (하늘의 새는 내 형제)
손바닥을 하늘로 향하게 하고 하늘 위를 나는 새의 날개처럼 두 팔을 크게 펼친다.

All flowers, my sisters, (온갖 꽃은 내 자매)
두 팔을 가슴 쪽으로 모으고 손을 펴 꽃이 활짝 핀 모양을 만든다.

The trees are my friends, (나무는 내 친구)
두 손을 마주 잡고 팔을 머리 위로 올린다.

All living creatures, (이 세상 모든 생명)
마주 잡은 두 손을 풀면서 왼쪽, 오른쪽 팔을 옆으로 천천히 내린다.

Mountains, (높은 산들)
손으로 산 모양을 만든다.

And streams, (흐르는 강들)
두 팔로 물결치는 모양을 만든다.

I take unto my case, (나의 소중한 친구들이여)
두 손을 가슴 위에 올려놓는다.

For this green earth is our Mother,
(이 푸른 대지는 우리의 어머니이고)
가슴 위에 있던 두 손을 다시 펼치며 하늘과 땅을 바라보게 한다.

Hidden in the sky is the Spirit above,
(저 하늘 너머에는 사랑의 정령이 숨어 있으니)
고개를 들어 하늘을 바라본다.

I share one Life with all who are here,
(나는 여기 있는 모두와 삶을 나누고)
오른손을 가슴 위에 올려놓는다.

To everyone I give my love, (모두에게 내 사랑을 주리)
왼손과 팔을 뻗어 하늘을 가리킨다.

To everyone I give my love, (모두에게 내 사랑을 주리)
가슴에 올려놓았던 오른팔을 뻗어 하늘을 가리킨다.

'하늘을 나는 새'의 율동은 「The Sky and Earth Touched Me」의 웹사이트 (www.skyearth.org)에서 볼 수 있다. 노래는 웹사이트(http//sharingnature.com/cms/제-content/uploads/2014/05/The -Birds-of-the-Air.mp3) 또는 셰어링네이처 Audio Resources의 CD를 통해 들을 수 있다.

생명과의 교감

PART 3

제 1 절

생명과의 교감

" 아름다운 산등성이에 햇살이 내리쬐면 누구든 기쁨으로 빛난다.

-존 뮤어

다른 사람에게 자연의 영혼을 전달하기에 앞서 우리 스스로 자연을 깊이 경험할 필요가 있다. 깊은 자연으로 떠난 여행에서 우리는 자연의 무한함에 큰 경외를 느낀다. 그리고 인식의 지각을 넓혀 결국 '자연과 우리가 하나임을 인식' 하게 된다.

평생을 자연에서 살아온 영국의 환경보호 운동가 리처드 세인트 바베 베이커 Richard St. Barbe Baker는 5세 때 보모를 졸라 나무가 무성한 숲에서 산책한 경험이 자신의 인생을 완전히 바꾸었다고 말했다.

" "숲에 도착한 나는 협곡으로 난 오솔길을 따라 걷기 시작했다. 하지만 오솔길은 나보다 몇 배 더 크게 자란 소나무들이 빽빽이 들어선 탓에 앞으로 더 나아갈 수가 없었다⋯⋯. 나는 주변 자연의 아름다움에 흥분해 멍하니 서 있었다. 숲의 일부분이 되어 마음 깊은 곳에서 피어나는 알 수 없는 기쁨은 내 마음을 들뜨게 했다⋯⋯. 아름다운 자연이 내 안으로 들어와 나를 정복해갔다. 말로 표현할 수 없는 그 순간, 자연에 감사하며 나는 새로운 땅에서 다시 태어났다."

-리처드 세인트 바베 베이커 『나의 인생, 나의 숲』 중에서

자연에 대한 세인트 바베의 열정은 그를 케냐로 이끌었다. 그는 1920년부터 케냐에서 현지 주민들과 함께 황막한 토지를 비옥한 숲으로 만들기 위해 다양한 활동을 했다. 세인트 바베가 설립한 나무 파수꾼 Men of the Trees 국제 조직은 타 조직과 함께 총 26조 그루의 나무를 심었다. 세인트 바베는 자신이 여행한 곳의 모든 사람을 위해 수백만 그루의 나무를 심고 산림을 가꿀 수 있도록 도왔다. 그가 보여준 자연과의 공감은 많은 사람이 자연 영감과 산림 보호 인식을 하도록 도와주었다.

내 경우 '치코 개울 Chico Creek'에서 경험한 자연과의 조화가 내 삶의 관점을 크게 변화시켰다. 개울 옆에 앉아 아치 형태로 하늘을 뒤덮은 높은 나무들, 활짝 핀 꽃들, 강렬한 푸른 하늘 등 완벽한 자연의 조화를 느낄 때 내 의식이 한층 더 높아지는 것을 인식했다. 그리고 항상 삶의 균형과 조화를 찾고자 갈망했던 내게 조화와 균형의 시작이 바로 자신에게 있다는 걸 깨닫게 해주었다. 나는 이 값진 경험을 많은 사람과 나누고 그들도 나와 같은 깨달음을 얻기를 강렬히 염원하게 되었다.

 우리를 이어주는 침묵

우리 마음은 주파수 조절 스위치가 달린 라디오와 같다. 특정 주파수와 정확히 맞아야 라디오에서 흘러나오는 노랫소리를 깨끗하게 들을 수 있다. 이처럼 우리도 마음의 주파수를 정확히 찾아야 우리가 진정으로 원하는 게 무엇인지 속삭이는 마음의 소리를 들을 수 있다. 하지만 바쁜 일상의 끝없는 잡음은 자연에서 깊은 체험과 배움을 얻는 것을 방해한다.

　자연에서 마음을 활짝 열고 자연을 느끼는 순간에는 미래를 위한 계획이나 앞으로 일어날 일에 대한 생각을 잠시 접어두자. 손끝에 닿는 바람과 당신을 향해 따스하게 내리쬐는 햇볕을 오감으로 느끼며 마음의 이야기에 귀 기울이고 감사하자.

　헨리 데이비드 소로 Henry David Thoreau는 몇 시간이고 숲속에 앉아 자연에 몰두하면서 깊은 고요를 느끼며 즐겼다. "화창한 오후 햇살 아래 조용히 앉아 내 주위를 둘러싼 소나무와 히커리나무가 뿜어내는 숨결을 들이마셨다. 이 정숙의 시간은 나의 인생을 더욱 풍요롭게 하며 평상시보다 훨씬 더 많은 것을 제공해주었다."

　소로는 그의 수필집 『월든 Walden』에서 "거스를 수 없는 자연의 법칙이 나와 하나가 되어가는 것을 느낄 수 있었다."라고 말하며 보이지 않는 경계를 초월한 그의 모습을 묘사했다. "자연의 평이함과 고요함이 만물을 품었고 이를 통해 삶의 깊은 의미를 깨우칠 수 있었다."

세상을 보는 2가지 방법

문화역사가인 리처드 타나스 Richard Tarnas는 세상을 보는 2가지 방법을 이야기했다. 첫 번째는 '현대적 시각' 으로 세상을 바라보는 것이다. 이것은 인간만이 지성과 영혼을 가졌음을 전제하고 그 외의 것엔 지성과 영혼이 존재하지 않기 때문에 인간은 모든 만물과 다른 독립된 개체로서 존재한다고 믿는 것이다.

두 번째는 '원시적 시각' 으로 세상을 바라보는 것이다. 이것은 인간을 포함한 모든 생명체가 의식과 지성 그리고 영혼의 동질성을 가졌으므로 서로 이해할 수 있다고 믿는 것이다.

서아프리카 원주민들은 '원시적 시각' 을 이렇게 표현했다. "깊은 고요를 느끼는 것이 우리가 믿는 '코폰 의식 Kofon religion' 의 핵심이다. 코폰 의식을 행하는 동안 자연은 우리 안에 존재하고 우리 모두와 하나가 된다."

또한 많은 저서를 남긴 미국의 하버드 대학 출신 동물학자 게리 코왈스키 Gary A. Kowalski 목사는 "고대 철학자에게 영혼은 모든 만물에 생명을 주는 베일에 싸인 신비로운 존재였다⋯⋯. 하지만 그 후 많은 신학자가 오직 인간만이 영혼을 가졌다고 결정해버렸다."라고 지적했다.

오직 인간만이 영혼을 가졌다는 '현대적 시각' 은 자신보다 더 거대한 자연을 정복하려는 인간의 야망과 욕심을 정당화시켜 왔다.

| 현대적 시각 | 원시적 시각 |

『나를 품은 땅과 하늘』에 소개한 모든 엑서사이즈는 우리 안에 숨겨진 '현대적 시각'의 벽을 허물고 인간 본성의 한계를 깨침으로써 우리 의식을 개인적 의식에서 보편적 의식으로 변화시켜 자연의 만물을 품을 수 있도록 도와준다. 또한 각 엑서사이즈의 치밀한 구성과 의도를 깨달아가는 과정은 모든 생명을 향한 우리의 태도를 변화시키고 사고의 경계를 넓혀준다.

에이브러햄 매슬로 Abraham Maslow는 자연에서 경험한 '강렬한 행복감'에 대해 다음과 같이 말했다. "내가 자연에서 숨 쉬며 느끼는 강렬한 행복은 자연과 내가 초월적 영혼의 존재임을 깨달으며 시작되었다. 내 마음을 온전히 자연 의식에 집중함으로써 자연과 하나임을 느낄 수 있었다."

당신의 이상을 현실로 만들어라

나는 1980년대 초에 '플로러닝™' 교육법을 개발했다. 이것은 효과적인 야외 활동을 위해 고안한 교육 방법으로 단계별 자연 체험을 통해 자연과의 더욱 깊은 교감을 끌어낸다.

플로러닝의 핵심은 참가자가 '자연 인식 Nature Awareness'을 깨닫게 하는 것이다. 자연 인식을 통해 참가자 의식의 경계를 넓히고 더욱 깊게 발전시킨다. 자연에서 진행하는 다양한 엑서사이즈에 플로러닝을 적용하면 참가자에게 더 깊은 자연 체험의 경험을 선물할 수 있다.

모든 셰어링네이처 엑서사이즈는 다음에 소개하는 플로러닝 Flow Learning 4단계를 적용하고 있다.

 1. 열의를 일깨운다.

 2. 주의를 집중하게 한다.

 3. 자연을 직접 체험하게 한다.

 4. 영감을 나눈다.

플로러닝 교육법은 사다리를 타고 올라가는 것과 비슷하다. 사다리 계단을 올라갈수록 더 넓은 시야가 펼쳐지듯이 플로러닝의 높은 단계로 올라가는 참가자는 더 넓은 관점에서 생명과 자신의 삶을 바라볼 수 있다.

1990년 초, 나는 독일과 폴란드의 국경 근처에서 3시간 동안 워크숍을 진행했다. 40명의 독일 청소년과 25명의 교육자, 지적 장애가 있는 17명의 스코틀랜드 청소년 등 다양한 배경의 참가자들을 이끌다 보니 서로 언어가 달라 의사소통에 문제가 있었다.

참가자들의 의사소통에 어려움은 있었지만 셰어링네이처 엑서사이즈를 통해 참가자 전원이 언어의 벽을 뛰어넘어 행복과 즐거움을 느꼈다. 서로 다른 언어와 환경 그리고 문화의 차이에서 생긴 틈을 채워가며 참가자들이 하나로 결속하는 모습은 나에게 큰 기쁨을 선사했다.

나는 플로러닝 교육법의 첫 단계인 '열의를 일깨운다'를 통해 참가자 사이의 강력한 결합력과 동질감을 끌어내고 마치 서로를 가족같이 여기도록 인도했다.

두 번째 단계인 '주의를 집중하게 한다'에서는 〈감각을 깨워라〉 등의 정적인 활동들을 진행함으로써 참가자들의 오감을 아주 예민하게 발전시켰다. 그리고 〈자연 속 나만의 장소〉 엑서사이즈를 진행하며 플로러닝 교육법의 세 번째 단계인 '자연을 직접 체험하게 한다'에 진입했다.

〈자연 속으로의 여행〉 엑서사이즈를 진행하던 중 한 스코틀랜드 소녀가 '나만의 장소'를 찾다가 얕은 강에 빠진 일이 있었다. 그녀가 무사히 귀환하자 참가자들은 걱정으로 흥분했던 마음을 가라앉히고 강가에 조용히 둘러앉아 스스로 몰두하는 시간을 가졌다. 모든 참가자가 고요 속에서 깊은 명상에 잠겼을 때 전원이 자신의 내면과 주위 자연환경에 고도로 집중하고

있다는 걸 느낄 수 있었다. 명상을 마친 후 플로러닝 교육법의
네 번째인 '영감을 나눈다'에서 참가자들은 자연과의 교감에
서 얻은 느낌과 영감을 나누며 따뜻한 시간을 보냈다.

 자연의 완벽한 선물

내 친구 존 John이 인도 뉴델리에서 참가자들을 시 외곽으로
인도해 〈나를 품은 하늘과 땅〉 엑서사이즈를 진행했을 때의
경험을 회상하며 이야기했다.

"솔직히 사람들을 이끌고 엑서사이즈를 진행하는 것이 어려
울 거라 생각했는데 생각보다 수월했고, 참가자들뿐만 아니라
저도 큰 재미와 감동을 느꼈어요. 마지막에 참가자들이 쓴 〈버
티컬 포엠〉를 읽을 때가 가장 기억에 남아요. 다들 어찌나 멋
진 글귀를 써 내려갔는지 한참 동안 생각에 잠겼습니다. 다른
사람과 기쁨과 진실을 공유하고 우리가 하나임을 느낄 수 있는
값진 시간이었어요."

> "당신 친구가 깊은 생각을 하고 최고의 신성한 감정을 알기
> 를 바란다면, 숲이나 산으로 안내해 그들이 걷고 있는 드넓
> 은 초원의 자유로움과 산의 순수함을 주라."
>
> -리차드 제프리스 Richard Jefferies

제 2 절

자연과 하나 된 삶

　내가 사는 아난다 마을의 오랜 친구인 케이티 Katie가 자신이 겪은 아름다운 경험을 이야기해준 적이 있다. 그녀가 아난다 마을의 명상을 위해 숲을 방문했을 때 그곳의 정원사가 아주 오래된 참나무를 보여주었다. 정원사는 그 나무를 할아버지 나무라고 불렀다.

　"며칠 뒤 나는 할아버지 나무 옆을 지나다 문득 그 나무의 속삭임을 듣게 되었어요. 그래서 할아버지 나무의 몸통에 지긋이 기대고 앉았지요. 나무와 대화를 할 수 있다는 생각이 너무나 무모하고 터무니없었지만, 이러한 생각을 잠시 접고 할아버지 나무에게 내 의식을 집중하기 시작했어요. 등 뒤로 느껴지는 거대한 나무의 몸통은 할아버지의 사랑과 같은 안정감을 주었어요. 그 느낌이 나를 따뜻하게 품어주었지요. 어느새 내 마음속에 할아버지 나무가 전해주는 에너지가 차오르고 있었어요. 나는 할아버지 나무에게 감사하며 나의 사랑을 담아 보냈지요. 할아버지 나무는 '네게 어려운 일이 있으면 언제든지 날 만나러 오렴.' 이라고 말하는 것 같았습니다. 그날 이후 나는 시간이 날 때마다 할아버지 나무에 기대앉아 질문을 쏟아냈어요.

　'할아버지, 신이 존재한다는 것을 어떻게 알 수 있을까요?'

　할아버지 나무가 어떤 대답을 할지 곰곰이 생각하는데 불현

듯 내 마음에 한 단어가 떠올랐어요. 그것은 '사랑' 이었습니다. 할아버지 나무로부터 흘러나온 따뜻하고 부드러운 사랑이 내 몸에 전달되는 것을 느낄 수 있었어요. 그리고 할아버지 나무가 내 마음에 속삭이는 이야기가 들렸어요.

'자연의 모든 것은 사랑으로 이루어져 있단다. 우리는 사랑을 통해 하나가 되며 나도 자연의 일부이자 하나로서 이 사랑을 줄곧 경험해왔지.'

내 마음에 울리는 할아버지 나무의 속삭임은 꽃과 나무, 강과 같은 모든 자연이 우리에게 베푸는 사랑에 대해 이해할 수 있게 해 주었어요. 아름다운 향기로 자신의 사랑을 표현하는 꽃들은 우리가 잠시 멈춰 애정을 갖고 바라보고 만져주길 원하고 있어요.

나무들은 울창한 숲을 이뤄 산소를 내뿜으며 자신의 사랑을 표현하고 있어요. 자연의 모든 것이 우리를 향해 미소 짓고 있음을 알게 되었어요. 그리고 그들은 우리가 멈추어 미소로 대답해주길 원하고 있다는 사실도요. 그러나 우리는 절대 멈추려 하지 않고 그들의 미소를 보려고도 하지 않는다는 것도요.

'우리는 마음을 열고, 눈을 뜨고 자연이 주는 선물을 보아야 한다. 그러면 자연과 하나가 되는 것을 느낄 것이다.'

할아버지 나무는 이렇게 말했어요.”

케이티는 어디를 가든 자연과 사람의 불가사의한 우정을 느낀다고 말한다. 할아버지 나무와 함께한 그녀의 경험은 인간을 뛰어넘어 자연의 모든 존재와 서로 사랑하는 법을 깨우쳐주었다.

“서로 사랑을 나누는 것은 사람과 사람 사이뿐만 아니라 모든 존재와도 가능해요.”

PHOTOGRAPHIC

자연에서
엑서사이즈를 해보자

실전편

산림욕

How to

참가자: 1명

장소: 숲속

① 고개를 들어 태양을 바라본다.

② 나무가 태양 에너지를 흡수해 당분을 만들고 광합
성을 통해 산소를 뿜어내는 것을 상상한다.

③ 심호흡을 하면서 폐 속 깊이 나무가 만들어낸 산소를
가득 채운다. 그다음 후~ 하고 숨을 내쉬며 나무에
이산화탄소로 돌려준다는 것을 의식한다.

④ 자신과 숲이 호흡으로 연결되어 있음을 느낀다.

자연과 나

How to

참가자: 1명

장소: 관심을 끄는 자연이 있는 곳

① 마음이 끌리는 자연(나무나 돌 등)을 찾아 그 앞에
앉는다.

② 어깨의 힘을 빼고 손을 무릎 위에 올려놓는다.

③ 관심을 끄는 자연현상이나 특징을 찾아본다.

④ 발견할 때마다 무릎 위 손가락을 가볍게 누르며 수를
헤아린다.

3 나를 품은 하늘과 땅

How to

참가자: 1명

장소: 관심을 끄는 자연이 있는 장소

① 마음을 끄는 자연을 찾는다.
② 자신의 마음과 자연의 마음을 연결한 후, 자연의 본질을 생각하며 자신이 자연의 일부분임을 느낀다.
③ 자연의 본질과 같은 힘이 생기는 것을 마음으로 느낀다.
④ 애정을 가지고 자연을 관찰한다. 염원을 담아 다음 문장 속에 자연의 이름을 넣는다.
  " ㅇㅇㅇ가 나를 품었다.
    그 힘을 나에게 주었다 "

4 감각의 확장

나는 점점 확장된다...

How to

참가자: 1명

장소: 눈앞에 자연 경치가 넓게 펼쳐져 있는 곳

① 편안한 마음으로 앉는다. 눈을 감고 자신의 몸을 의식한다.
② 자신의 몸 가까이에 있는 생명체 소리에 집중한다. 멀리, 다시 가까이.
③ 눈을 뜨고 1m 범위 안에 있는 풀, 꽃, 곤충 등으로 의식을 넓힌다. 자신이 그 대상의 일부라고 느껴질 때까지 계속한다.
④ 10m 정도 앞에 있는 나무, 풀, 꽃, 멀리 있는 산과 하늘까지 같은 방법으로 감각을 확장한다.
⑤ 50m, 100m, 더 멀리까지 감각을 확장한다.

6

나는 산이다

How to

참가자: 2명

장소: 조용한 야외

① 신호 담당자와 응답자를 정한다. 신호 담당자는 시야를 방해하지 않도록 응답자의 뒤에 선다.

② 신호 담당자는 조용히 "나는……" 이라 말한다.

③ 응답자는 마음이 끌리는 자연을 찾아 말로 표현한다.(신호 담당자는 "나는……" 이라는 신호 대신 "나는 느낀다……" 로 바꿀 수 있다.

④ 5분 정도 진행한 후 역할을 바꾼다.

8

호흡 관찰 명상 1

How to

참가자: 1명

장소: 어느 곳이나

① 숨을 들이마시면서 몸 전체를 긴장시킨다.

② 숨을 내쉬면서 긴장을 풀고 몸을 편안하게 한다.

③ ①과 ②의 과정을 3회 반복한다.

호흡 관찰 명상 2

How to

참가자: 1명

장소: 어느 곳이나

① 하나부터 넷까지 수를 세면서 천천히 숨을 들이마신다.

② 숨을 멈추고 넷까지 수를 센다. 숨을 내쉬면서 긴장을 풀고 몸을 편안하게 한다. 그다음 숨을 내쉬면서 넷까지 수를 센다.

③ ①과 ②의 과정을 6회 반복한다.

9

호흡 명상

How to

참가자: 1명

장소: 어느 곳이나

① 숨을 천천히 들이마시고 천천히 내쉰다.

② 평상시에 호흡하듯이 자연스럽게 공기의 흐름을 관찰한다.

③ 코로 호흡하는 것을 느낀다.(숨의 흐름에 집중한다. 특히 호흡과 호흡 사이에 주의한다.)

④ 가능하다면 10분간 계속한 후 조용히 앉아 정숙(靜肅)과 정온(靜穩)을 즐긴다.

10

마음을 비추는 호수

How to

참가자: 1명 또는 2명

장소: 물이 조용히 흐르는 냇가, 연못, 물웅덩이

① 6개의 돌을 모은다.

② 마음의 안정을 취하고 물 위를 바라본다. 최대한 '지금'에 집중한다.

③ '지금(현재)'에서 정신이 이탈해 마음에 잡념이 생기면 돌 1개를 호수에 던진다.

④ 돌이 수면 위에 만드는 파문을 관찰한다.

⑤ 수면이 다시 거울 같아진다. 이때 마음속 잡념을 떠나보내고 고요함을 즐기며 '지금'에 집중한다. 6개의 돌을 다 사용할 때까지 계속한다.

카메라 게임

침묵을 나누는 산책

How to

참가자: 2명

장소: 아름다운 곳, 흥미를 끄는 자연이 많은 곳

① 두 사람이 각각 사진사와 카메라 역할을 담당한다.
② 사진사는 카메라의 눈을 가린 채 경치가 아름답거나 흥미로운 자연이 있는 곳으로 안내한다.
③ 사진사가 좋아하는 자연을 발견하면 카메라의 어깨를 가볍게 2번 두드려 셔터를 누른다. 이때 카메라는 눈을 뜨고 대상을 바라본다.
④ 3초 후 어깨를 가볍게 3번 두드리면 카메라는 다시 눈을 감는다.
⑤ 4~6장의 사진 촬영이 끝나면 역할을 바꾸어 ①~④의 과정을 반복한다.

How to

참가자: 2~3명

장소: 아름다운 자연이 있는 곳

① 산책하는 동안 침묵하기로 약속하고 함께 출발한다.
② 한 사람이 흥미를 끄는 자연을 발견하면 말을 하지 않고 조용히 그 자연물을 관찰한다. 자연물 관찰을 공유하며 서로 공감을 나눈다.
③ 서로 일정한 거리를 두고 산책을 계속한다.

아름다운 오솔길

How to

참가자: 2명, 모둠별

장소: 아름다운 자연이 있는 산책로

① 12장의 명언 카드를 준비한다.

② 100~150m 거리의 산책로를 설정한다. 적당한 간격을 두고 끈이나 집게를 이용해 명언 카드를 나뭇가지 등에 고정한다.

③ 참가자는 산책로를 따라 걸으면서 카드의 명언을 읽는다. 문장의 의미를 생각하면서 주위 자연을 느낀다.

---

14 나만의 장소

How to

참가자: 2명, 모둠별

장소: 다양한 지형과 자연이 있는 곳

① 특별하다고 생각되는 장소를 찾는다.

② '첫인상', '뭐가 들리니?', '가장 인상 깊은 경치 스케치' 등을 천천히 해본다.

③ 초대장을 받은 친구와 함께 자기만의 장소를 방문한다. 10~15분 정도 방문 장소를 공유한다.

④ 역할을 바꾼다. 초대장을 준 친구의 '나만의 장소'를 방문한다.

버티컬 포엠

How to

참가자: 1명

장소: 아름다운 자연이 있는 곳

① 자연을 보고 생각난 단어를 세로로 적는다.
② 첫 글자를 머리글자로 해서 짧은 문장을 적는다.
③ 첫 글자로 문장을 만들면 한 편의 시가 완성된다.

조셉 바라트 코넬의 자연인식 Nature Awareness 운동

조셉 코넬은 세계에 가장 많이 알려진 영향력 있는 자연환경 교육 프로그램인 셰어링네이처 월드와이드의 창립자이며 대표이다. 그는 일본의 224개 전 지역 10,000 여명의 구성원으로 이뤄진 일본 셰어링네이처 협회의 명예 회장직을 맡고 있다. 그는 셰어링네이처의 여러 저서를 집필하였고 그의 책들은 전 세계의 수백만 학부모, 교육가, 자연 운동가, 그리고 종교지도자들에게 읽혔다.

조셉 코넬의 두 번째 저서인 『Listening to Nature』는 많은 성인에게 자연과 깊은 교감을 나눌 수 있도록 영감을 제공했다.

미국 어류 야생 생물국은 1890년 이후 자연에서 아이들에게 영향을 끼친 책으로 1979년에 출판된 조셉 코넬의 첫 번째 저서인 『Sharing Nature with Children 1(아이들과 함께 나누는 자연체험 1)』을 아이들과의 자연 교감을 이끌어 낸 영향력있는 15권의 책 중의 1권으로 선정해 왔다.

미국 국립공원의 학습이론인 마리아 몬테소리, 하워드 가드

너, 존 듀이, 진 피아제와 함께 조셉 코넬이 개발한 "플로러닝 Flow Leaning™"은 매우 탁월한 다섯 가지 학습 방법으로 선정되었다.

조셉 코넬은 셰어링네이처 저서와 활동을 통해 국제상을 여러 차례 받았다. 중앙 유럽의 많은 교육활동으로 독일의 손자-베르나도트 상을 받았으며, 2011년 프랑스 자연보호 기구인 지구의 수호천사 Angels Gardiens de la Planete에서 선정한 자연인식 및 보호에 영향을 끼친 100인의 인물에 선정되었다.
조셉 코넬은 내면의 따뜻함과 기쁨 가득한 열정을 통해 사물의 본질을 파악, 명확하게 사람들에게 이야기하는 특별한 능력을 지녔다. 그가 만든 창의력 넘치는 자연 활동은 참가자가 직접 참여함으로써 생생한 경험을 선사한다.
조셉 코넬은 깊은 정신생활을 위해 북 캘리포니아의 아난다 마을에 살고 있다.
코넬의 서적과 프로그램에 대해 좀 더 알고 싶은 분은 사이트를 방문하기 바란다.

셰어링네이처 치유 프로그램

존 뮤어는 "자연의 평화는 나무에 스미는 햇빛처럼 우리에게 흘러들어온다."고 했다. 위대한 치유자인 자연은 기쁨이 가득한 평온을 우리 가슴에 선사한다.

셰어링네이처 건강 프로그램이 진행되는 동안 당신은 자연에서의 명상을 통해 마음의 평온을 찾고 의식의 지평을 넓혀 모든 생명에게 마음의 문을 활짝 열게 될 것이다. 그리고 자연에서의 경험을 내면화하여 삶의 평화를 불러오는 방법을 배울 것이다.

즐거운 자연인식 활동을 통해 당신은 기쁨을 만끽하고 긍정적이며 적극적인 태도로 다른 이들과 한 공동체이고 자연과 하나인 것을 깨닫게 될 것이다.

자연이 당신에게 베푸는 자비를 통해 삶의 더 높은 가치를 되새기게 될 것이다. 세어링네이처 치유 프로그램은 개인과 비즈니스 리더, 교육가, 종교지도자, 공무원 등 다양한 분야의 사람에게 자연체험을 통한 치유와 직접적인 자연 교감으로 즐거움을 제공한다. 프로그램 중간에 명상을 진행하여 한층 더 깊은 경험을 얻는 것도 가능하다.

나를 품은 하늘과 땅
The Sky and Earth Touched Me

펴낸곳/ 셰어링네이처
펴낸이/ 장상욱
저자/ 조셉 바라트 코넬
옮김/ 장상욱, 김요한
교정/ 박성숙
디자인/ 박찬익
초판 1쇄 인쇄/ 2017년 8월 13일
초판 1쇄 발행/ 2017년 8월 15일
등록번호/ 제2016-000010호
주소/ 세종시 종촌동 도움1로 55, 907-403
전화/ 010-5224-0035
www.sharingnature.or.kr
네이버 카페/ 셰어링네이처, FB/ 셰어링네이처
네이버 밴드/ 셰어링네이처 코리아